INTRODUCTION

A LA

MINERALOGIE;

OU

CONNOISSANCE

DES EAUX,

DES SUCS TERRESTRES,

DES SELS, DES TERRES,
DES PIERRES, DES MINERAUX,
ET DES MÉTAUX:

Avec une Description abrégée des opérations de Métallurgie.

Ouvrage Posthume de M. J. F. HENCKEL, publié sous le titre de *Henckelius in Mineralogiâ redivivus*, & traduit de l'Allemand.

TOME SECOND.

S. 1295.

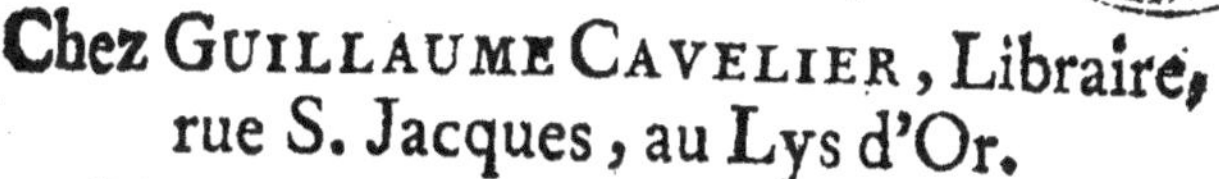

B. 3

A PARIS,

Chez GUILLAUME CAVELIER, Libraire, rue S. Jacques, au Lys d'Or.

____

M. DCC. LVI.

Avec Approbation & Privilége du Roi.

INTRODUCTION
A LA
MINÉRALOGIE.

SECONDE PARTIE,

Qui comprend les Elémens de la Chymie Métallurgique.

AVANT-PROPOS.

I. **L**E mot *Chymie*, ou *Chemie*, est dérivé, suivant quelques Auteurs, du mot grec χέω *fundo*, & suivant d'autres de χήμος *fer-*

II. Partie.   A

mentum, à moins qu'on ne veuil-
le entendre par ce mot une an-
cienne fcience des Chaldéens :
je parle de la fcience des Dé-
mons ; dans ce fens, la Chymie feroit partie de la Théologie.

II. Aucune des deux étymolo-
gies que nous venons de donner,
ne s'étend à toutes les parties de
la fcience dont il eft queftion ; en
effet, la fufion & la fermentation
ne font point les feuls travaux
dont elle s'occupe. Il en eft un
grand nombre d'autres qu'elle fe
propofe, tels que les diffolutions,
coagulations, & en général la
compofition & la décompofition
des corps.

III. La matiére fur laquelle
la Chymie travaille font tous les
corps fublunaires, & par conféquent, 1°. les météores, tels que
la pluie, la neige, le givre, la

grêle, la rosée & les sels contenus dans l'air, qui produisent différens effets, selon les diverses
substances qui leur sont exposées ;
2°. les corps qui forment, ce
qu'on appelle les trois règnes de
la Nature ; sçavoir, les eaux, les
terres, les sels, les pierres ; les
mines & les métaux, les parties
des plantes ou végétaux, telles
que les graines, les racines, les
bois, les écorces, les feuilles, les
fleurs, les fruits, les herbes, les
sucs, les baumes, les huiles, les
sels, &c. les substances animales, ou qui ont appartenu à des
êtres vivans & organisés, aux qua-
drupédes, aux poissons, aux oi-
seaux, aux insectes, à l'homme
même, telles que la chair, le
sang, les os, la corne, &c.

IV. L'objet de la Chymie est
la connoissance des corps, jusque

dans leur compofition la plus intime ; la décompofition de leurs
parties effentielles ; la recompo-
fition de ces mêmes parties ; la
comparaifon de ces corps entiers,
en les combinant les uns avec les
autres. Enfin, cette fcience travaille à développer de toute maniére la nature des corps, & les
rapports qu'ils ont entre-eux.

V. Les inftrumens principaux
dont elle fait ufage font, 1°. l'air,
2°. l'eau, 3°. le feu, 4°. les fels,
5°. un grand nombre d'autres
corps.

VI. L'air eft le plus fubtile
des agens ou inftrumens ; il opére & des décompofitions particuliéres, & de nouvelles produc-
tions ; comme on peut le remarquer dans la fermentation des fucs
tirés des végétaux, tels que la
biére & le vin, dans la putréfac-

tion des animaux, & dans le règne minéral, par la vitriolifation
de la pyrite, la chaleur produite
dans les mines alumineufes, d'où
naît la formation de l'alun, &c.

VII. En vertu des fels qu'il
contient, il devient propre à s'infinuer dans de certains corps, &
à former une combinaifon nouvelle, fans produire un nouveau
corps.

VIII. L'eau fert principalement aux animaux & aux végétaux ; entre les fubftances minérales, elle n'entre que dans la
compofition des fels, des pierres, des eaux minérales ; & entre
les métalliques, que dans l'arfenic.

IX. Le feu eft un dernier
agent, dont l'effet nous découvre
ce que l'air & l'eau ont laiffé caché ; & cet effet, il ne le produit

point comme deſtructeur ; qualité qu'il faut cependant avouer qu'il a quelquefois, & en vertu de laquelle il contribue même à développer la nature des corps ; mais comme analyſte en ce qu'il deviſe le tout en ces parties, & raſſemble enſuite ces mêmes parties pour en former un tout.

X. Il faut mettre de l'ordre, & ſuivre des règles dans l'emploi qu'on fait de ces inſtrumens, examiner les produits que donne le corps auquel on les applique ſucceſſivement, & voir ce qu'ils deviennent expoſés d'abord à l'action de l'air, enſuite à celle de l'eau, & enfin à l'action du feu.

XI. On peut réuſſir juſqu'à un certain point, par le ſeul ſecours de ces trois agens ; mais ils ne ſuffiſent pas, à moins qu'on ne faſſe intervenir les ſels comme agens principaux. Quoiqu'ils produifent moins la décompofi-tion que l'altération, ou change-ment de la forme des corps, & de nouvelles combinaifons; il ar-rive fouvent qu'ils en dévoilent la nature.

XII. Enfin on deftine un corps, dans l'ufage qu'on en fait, à favo-rifer une action; c'eft ainfi qu'un minéral fe joint à un autre, à un métal, à une pierre, à un fel, pour la réduction ou métallifa-tion, la vitrification, &c. & fous cet afpect, l'examen des corps de-vient fi étendu, qu'on peut le varier à l'infini. Il eft vrai que les tentatives font fouvent inuti-les ; mais n'eft-on pas fuffifam-ment dédommagé par les décou-vertes finguliéres & les vérités inattendues, qu'on obtient quel-quefois par des mêlanges hafar-

dés, & par des combinaisons aveu-
gles. Qui eût, par exemple, pû
prévoir que la calamine avoit
non - seulement la propriété de
colorer le cuivre, avec lequel elle s'incorpore, mais encore d'en
augmenter considérablement le
poids, sans lui ôter sa forme métallique ?

XIII. Les opérations que
nous venons d'indiquer, sont l'objet de plusieurs branches particuliéres de la Chymie ; telles que,
1°. la *Zymotechnie*, ou l'art de la
fermentation, 2°. la *Pyrotechnie*,
ou l'art des travaux sur le feu, 3°.
la *Halotechnie*, ou l'art de former
des sels.

XIV. L'utilité de la Chymie
consiste : 1°. Dans la connoissance qu'elle nous donne de la nature en général, & des corps en
particulier. 2°. Dans l'art de pou-

voir à volonté examiner à fonds un corps, en juger fainement ; & c'eft ce qu'on appelle en géneral la *Chymie phyfique*. 3°. Dans l'art de préparer des médicamens propres au corps humain ; c'eft la *Chymie pharmaceutique*. 4°. Dans l'art de traiter les mines ; c'eft la *Chymie métallurgique*, qui comprend fous elle la *Docimaftique* ; ou l'art des Effais, & l'art de la Fonderie, qui eft le travail en grand. 5°. Dans l'avantage de préparer des couleurs, des favons, du verre, de l'efprit-de-vin, &c. & une infinité de nouveaux Etres qui font d'une reffource infinie, dans les befoins journaliers auxquels nous fommes expofés. 6°. Dans les moyens furprenans qu'elle fuggére d'ennoblir les métaux imparfaits ; c'eft la partie de fon

A v

travail la plus fublime ; on la nomme *Alchymie* ou *Chymie par excellence.*

XV. Le coup-d'œil que nous venons de jetter fur la Chymie, embraffe fon objet dans toute fon étendue ; il nous a convaincu de la difficulté qu'il y avoit à traiter d'un règne, fans empiéter fur un autre ; nous nous propoferons toutefois l'examen du règne minéral en particulier, & nous paflerons tout de fuite à la branche métallurgique.

XVI. On peut la traiter, ou par la *Synthèfe*, ou par l'*Analyfe*, ou fuivant les différentes opérations.

XVII. M. Roth a préféré la derniére de ces méthodes dans fon *Introduction à la Chymie*, qu'il a divifée en Chapitres, où il traité de la *diffolution*, de la *coagulation*, de la *diftillation*, de la *fublimation*, de la *précipitation*, &c.

XVIII. Les Anciens fuivoient la premiére, & conféquemment ils traitoient, 1°. De la fin. 2°. Du fujet de l'opération. 3°. Des moyens ; mais cette divifion m'a paru trop fcholaftique.

XIX. Nous nous en tiendrons à l'analyfe ; l'ordre naturel des matiéres nous indiquera des divifions, & la maniére de les traiter nous donnera un certain nombre de Chapitres, fous chaque divifion. Nous les confidérerons toutes relativement aux agens qu'on peut leur appliquer, & à la maniére dont l'application s'en doit faire ; ces agens font, comme nous l'avons dit, l'air, le feu, les

fels, & les autres mêlanges ; de
là nous pafferons à d'autres opérations, telles que les diffolutions, les combinaifons, les pré-
cipitations, les fublimations, les
coagulations, les réductions, les
dulcifications, les calcinations,
les minéralifations, les fufions,
& les vitrifications.

XX. Nous ne fuppoferons point
d'autres connoiffances prélimi-
naires, que celle des caractères
chymiques, & des termes de
l'art ; encore les avons-nous re-
cueillis à la fin de cet Ouvrage,
quoique l'ufage feul eût fuffi pour
en donner l'intelligence.

XXI. Mais les progrès dans
l'art exigent des qualités qu'on a
rarement, telles qu'un goût décidé pour ce genre d'étude, de
la patience, du travail, de l'opi-

niâtreté, une grande attention, des Obfervations & des Journaux exacts ; le defir de fçavoir & non de s'enrichir, des précautions effentielles contre les dangers du feu, & les dépenfes inutiles.

LIVRE PREMIER.

Des Eaux en général.

I. LEs Eaux font ou du Ciel, *meteoricæ*, ou foûterraines, *fub-terraneæ*.

II. Les premiéres font la pluie, la neige, la grêle, la rofée, &c. La plus pure eft celle que fournit la neige; on peut ramaffer la nei-ge, en prenant avec une capfule de verre la partie fupérieure, avant que le vent y ait porté de la pouf-fiere; il ne faut y toucher, ni avec du bois, ni avec les mains; & la faire fondre dans des vaiffeaux de verre.

III. Si on conferve cette eau

de neige pendant un Eté, dans une bouteille bien bouchée, & qu'on l'expose à la chaleur du Soleil, elle devient peu-à-peu trouble & verdâtre ; si on fait évaporer à siocité cette liqueur verte, on aura une terre noire, & peu compacte, qui paroîtra vitreuse, si on en répand sur des charbons allumés ; d'où l'on voit que l'eau du Ciel a cette qualité, sans avoir passé sur du bois, & sans y avoir été reçue.

IV. L'Etoile tombante, (*Stella cadens*,) qui est composée d'eau coagulée, & qui est d'une consistence gélatineuse, ne différe de l'eau de neige, qu'en ce qu'elle a cette matiere verte & noire en plus grande quantité.

Les Eaux du Ciel différent beaucoup les unes des autres, selon les saisons de l'année ; & ce

n'eſt point une imagination que
de penſer qu'elles ont plus de force & d'efficacité, ſoit au Prin-
tems, lorſque le Soleil raréfie les
vapeurs, ſoit dans les chaleurs de
la canicule, lorſqu'il les diſperſe,
que pendant l'Hyver, où leur partie la plus ſubtile eſt étendue, &
comme noyée dans une trop grande quantité de liquide.

VI. Il n'y a pas de méthode
plus ſûre pour recueillir ces eaux,
dont l'air eſt chargé, que de leur
préſenter leurs aimans qu'il faut
choiſir & préparer ſuivant les
uſages auxquels on les deſtine;
ces aimans ſont la chaux-vive, les
alcalis, la pyrite, la mine d'alun,
la terre bitumineuſe, la mine de
biſmuth, l'arſenic, &c.

VII. Il y a beaucoup de différence encore entre les eaux du
Ciel, eu égard aux lieux où elles

ont été recueillies ; & il faut obferver s'ils étoient élevés & montueux, ou bas, & marécageux ; l'homme même ne néglige pas ces différences dans l'ufage de la vie. La qualité de l'eau du Ciel dépend outre cela des exhalaifons du terrain, qui doivent les modifier diverfement dans de certains endroits, tels que les bords de la mer, les eaux Thermales, &c. En Sicile, la mine de plomb fe diffipe, diminue, & difparoît d'une façon fenfible, ce qui n'arrive point dans nos contrées. Il y a fur la Côte de Coromandel un endroit, où en très-peu d'années, le plomb des fenêtres fe réduit en pouffiére.

VIII. Je n'ai point encore pû m'affûrer fi les révolutions de la Lune & fa lumiére, ont quelqu'influence fenfible, comme le prétendent ceux qui expofent à la Lune leur *terre adamique.*

IX. Les eaux fouterraines différent évidemment, felon qu'elles ont leur fource dans des plaines, des fonds, des terres graffes, ou des montagnes, & des endroits pierreux & arides.

X. Les eaux qui partent d'un terrain bas, entraînent fouvent avec elles des fubftances étrangéres, telles que des parties falines, calcaires, & même nitreufes ; en effet, elles font obligées de paffer par des couches de terres chargées de ces fubftances ; & d'ailleurs, dans un pays plat, où ces eaux ne peuvent point avoir d'écoulement, elles s'amaffent de différens endroits, fe mêlent & changent de nature par l'altération feule que le féjour produit fur elles.

XI. Les eaux qui découlent des montagnes entraînent ordinairement des endroits d'où elles partent, différentes subſtances qu'elles diſſolvent & emportent avec elles ; cependant elles ſont plus pures que dans les plaines ; c'eſt un effet de leur trajet par les fentes des rochers, & de leur filtration au travers de pierres qui ne donnent paſſage à aucun corps étranger ; ajoûtez à ces conſidérations, qu'avant de venir juſqu'à nous, il eſt rare, il n'arrive même jamais, qu'elles traverſent les premiéres couches de terre ; elles ne peuvent donc être ni ſi calcaires, ni ſi ſalines que celles qui coulent par des lieux bas & profonds.

XII. Ce qu'on remarque quelquefois dans ces eaux, c'eſt une petite ſalure amère, toute parti-

culiére, que l'on ne peut rapporter à aucune espèce de sel, à
moins que ce ne soit un sel calcaire ; c'est par cette raison qu'il
ne crystallise point ; il reste comme du miel ; cette salure est d'une
substance propre à cette eau,
où toutefois il s'en trouve si peu,
que pour l'obtenir il faut en faire
évaporer une très - grande quantité.

XIII. A l'égard des eaux qui
sont terreuses, ou salines par acci-
dent, nous en parlerons en traitant des sels, & en particulier dans
le dernier Chapitre.

❋❋❋❋❋❋❋❋❋❋❋❋❋❋❋❋❋❋❋❋❋❋❋

LIVRE SECOND.

Des Sels.

CHAPITRE PREMIER.

*De la formation & de l'essence
des Sels.*

SECTION I.

Du Vitriol.

I. LE vitriol, dont le nom indique une substance semblable à du verre, & transparente, que les Anciens nommoient *Atramentum* ou *Calcanthum*, est un sel métallique, formé par l'union de l'acide du soufre, & d'une terre métallique qui est, ou de cuivre, ou de fer, ou l'un ou l'autre à la fois.

II. Dans les Manufactures, on distingue le vitriol, de l'eau cuivreuse (*Kupferwaſer*). C'eſt ordinairement le vitriol cuivreux qu'on employe, ſur-tout dans les teintures. On appelle donc ſimplement *vitriol*, ce qui eſt le plus riche en cuivre ; le reſte s'appelle *eau cuivreuſe* ; c'eſt la partie aqueuſe & de peu de valeur, qui contient cependant une grande quantité de vitriol martial.

III. Sur ce principe, il faut diviſer le vitriol en *cuivreux*, & en *martial* ; d'où il en naît un troiſiéme, qui participe en même-tems du fer & du cuivre.

IV. Il faut joindre ici le vitriol blanc qui eſt, ou tout-à-fait blanc, ou bleuâtre. Suivant ce qu'on en connoît juſqu'à préſent, il eſt compoſé de la terre métallique du fer, d'un peu de cuivre, qui s'y trouve joint accidentellement; enfin, d'un troiſiéme ſel. *

V. J'ignore s'il ſe trouve dans le ſein de la terre du vitriol purement cuivreux; on n'en connoît même pas qui contienne plus de cuivre que de fer, parce qu'il n'y a point de mine de cuivre propre à faire du vitriol, qui ſoit dépourvûe de fer.

VI. Mais on trouve du vitriol martial pur & naturel en Hongrie; 1º. Dans la mine de Herrengrund; il n'eſt environné qu'extérieurement d'alun de plume,

---

* Il paroît que dans le tems que M. Henckel a compoſé cet ouvrage, on n'avoit point encore fait ſur le vitriol blanc les découvertes qui ont été faites depuis; actuellement on eſt convaincu que c'eſt le zinc uni avec l'acide vitriolique, qui conſtitue ce troiſiéme vitriol.

qu'on peut aifément en féparer.
20. On en tire de quelques pyrites qui font répandues en maffes,
ou globules détachés, dans la premiére couche de terre, comme
dans de l'argille, de la glaife, du
fable, de la pierre à chaux, & de
l'ardoife. Telle eft la fameufe pyrite de Heffe, qui fe trouve à Al-
merode, qu'on nomme *terra martis Haffiaca*; celle de Toplitz, qui
eft dans de la pierre à chaux, de
même qu'à Boll, dans le Duché
de Wirtemberg, à Altfattel près
de Carlfbade en Bohême, &c.
3°. On fait artificiellement du vitriol de Mars, avec l'huile de vitriol & le fer; nous en parlerons
en fon lieu. 4°. On en fait encore
avec le vitriol martial cuivreux
ordinaire, en le mettant diffoudre
dans de l'eau, & y laiffant tremper du fer, jufqu'à ce que ce métal

tal ne devienne plus rouge ; pour lors il paroît que le fer a dé-gagé toute la partie cuivreuſe, qui étoit dans la diſſolution de vitriol. Quand le cuivre s'y trouve en abondance, il ſe précipite par floccons & fait des maſſes ; c'eſt ce qui arrive à Neuſol en Hongrie, au cuivre qu'on nomme *Cémentatoire*.

VII. Le vitriol ſe forme des pyrites, de lui-même, par le moyen de l'air qui diſſout, développe, & décompoſe ces minéraux, & fait qu'ils ſe couvrent d'un enduit de vitriol, qui s'y attache ſous la forme de cheveux, de barbe de plume, ou de cryſtaux, qui s'arrangent tout autour comme de la mouſſe ; on peut retirer ce vitriol en lavant ces pyrites ainſi décompoſées avec de l'eau commune ; en faiſant évaporer l'eau, on obtient les cryſtaux du vitriol : ou bien on obtient du vitriol par le ſecours de l'art ; ce qui ſe fait, 1°. En grillant des pyrites pour en extraire le ſoufre ; & ſi l'on veut en tirer beaucoup de vitriol, il faut, après le grillage, laiſſer ces pyrites expoſées par grands tas, à l'humidité de l'air, & à la chaleur du Soleil. 2°. En combinant le cuivre, ou le fer avec l'acide vitriolique ; pour cet effet, il faut mettre une partie de fer dans quatre parties d'huile de vitriol, plus ou moins, ſuivant qu'elle eſt plus ou moins concentrée ; on y joint de 16. à 24. parties d'eau commune ; on fait un peu chauffer ce mêlange pour favoriſer la diſſolution ; on filtre la liqueur, puis on la met à évaporer, pour qu'il ſe forme des cryſtaux.

VIII. Voici la raison de la vitriolisation de la pyrite. La pyrite est composée de fer & de soufre ; le soufre est composé d'un acide & d'une substance terreuse-inflammable. Lorsque l'air décompose le soufre , & que son acide s'est dégagé de la terre inflammable à laquelle il étoit uni, il attaque le fer d'une autre maniére , & forme en se combinant avec lui, un sel qui est le vitriol.

IX. Il ne se forme d'abord qu'un peu de vitriol , en très-petite quantité , dans l'opération, par laquelle on sépare le soufre d'avec la pyrite , comme on peut s'en assûrer en lavant une pyrite qui vient d'être grillée , ou qui sort de la retorte, & qui n'a point du tout été exposée à l'air ; la vitriolisation ne s'opére entiérement que quand les pyrites grillées ,

mais dont toutefois le foufre n'eſt
pas totalement chaſſé , ſont expoſées en grands monceaux aux
variations de l'air ; c'eſt par ce
moyen que le ſoufre qui y eſt
encore, eſt entiérement décompo-
ſé ; il peut ſe faire auſſi que dans
cette opération l'air fourniſſe quelque choſe de ſon acide ; mais c'eſt
l'acide du ſoufre qui eſt le grand
mobile , puiſque quand tout le
ſoufre de la pyrite a été décom-
poſé , il n'eſt plus poſſible d'en
tirer du vitriol , quand on laiſſe-
roit la pyrite expoſée à l'air pendant un tems infini ; c'eſt pourquoi on la rejette pour lors comme un vrai *caput mortuum* , qui ne
peut plus fournir ni ſoufre ni vitriol.

X. Il y a des pyrites qui, ſans
le ſecours du feu , par le ſeul contact de l'air , donnent du vitriol ;
ce ſont ſur-tout celles qui ſe trou-

vent dans la premiére couche de la terre, ainsi que quelques-unes de celles qui viennent des filons & vénules, & en général celles qui ne contiennent que peu ou point de cuivre, ou d'arsenic. Dans le cas dont il s'agit, l'air opére ce qu'on étoit obligé d'opérer par le feu, dans le grillage de la pyrite, où l'air seul n'étoit pas suffisant. On ne peut donner d'autre raison de ce phénoméne, sinon qu'il est plus difficile de séparer le soufre du cuivre & de l'arsenic, que du fer.

XI. Le vitriol exposé à un air chaud blanchit d'abord, & jaunit ensuite ; il perd ainsi la plus grande partie de son flegme ; & cela n'est pas surprenant, l'eau n'étant point propre à faire une union aussi intime avec une substance métallique, qu'avec une substance faline, telle qu'un alcali. Le vitriol bleu ne fe décompofe pas à l'air auffi aifément que le vitriol verd, parce que le premier ne contient pas autant de partie aqueufe & flegmatique, que le dernier; & parce qu'un corps qui eft très-étendu par fa partie aqueufe, ne peut que devenir très-fpongieux & terreux par la déficcation. Cette déficcation par laquelle le vitriol fe réduit en terre, s'appelle *calcination Philofophique*, parce qu'elle fe fait fans feu, & que l'on prétend que c'eft ainfi que doivent fe faire les meilleures opérations Philofophiques.

XII. Le vitriol martial fe diffout aifément dans l'eau; celui de Vénus s'y diffout moins facilement; cette différence vient de ce que le premier contient plus de flegme que le dernier.

XIII. Plus on chauffe le vitriol, plus il devient jaune.

XIV. A une chaleur médio-
cre, le vitriol devient fluide comme de l'eau ; fi l'on donne un feu
plus fort il fe réduit en une terre
rouge.

XV. Voici comment fe fait
l'analyfe, ou la diftillation du vitriol.

Prenez du vitriol deffféché jufqu'à blancheur, ou jufqu'à devenir un peu jaune, & qui foit à
peu-près fec comme de la pouffiére, afin qu'il ne fe pelottonne
point dans la diftillation ; mettez-
en de quoi remplir la moitié, ou
les deux tiers d'une cornue de terre cuite au feu, & enduite de lut ;
adaptez-y un récipient très-grand ;
donnez dans le fourneau un feu
gradué qui, dans le travail en
grand, doit durer pendant quel-

ques jours & quelques nuits, fans interruption, jufqu'à ce que la cornue foit d'un rouge foncé, & que le récipient fe foit éclairci : il vient, 1°. du flegme qui tombe goutte à goutte ; c'eft une eau infipide qui fur la fin cependant devient un peu acide ; il ne faut augmenter le feu que quand il ne vient plus de goutte. 2°. Un *efprit* ou un acide en liqueur, qui paffe fous la forme d'un brouillard léger. 3°. L'huile de vitriol qui eft l'acide, d'une confiftence épaiffe & pefante, fous la forme d'un nuage épais. 4°. Il refte dans la cornue une terre martiale ou cuivreufe, rouge ou brune, qui doit être infipide fi l'opération a été bien faite ; on la nomme *colcothar*.

XVI. Quand on veut purifier le vitriol martial, on trempe du fer bien net dans la diſſolution de vitriol ; pour lors l'acide vitrioli-que, qui tient le cuivre en diſſo-lution, attaque le fer avec lequel il a plus de diſpoſition à s'unir, quitte le cuivre qui, quand il eſt privé de ſa forme ſaline & réduit en celle d'une terre, ne peut plus être ſoûtenu dans la diſſolution, s'attache ſur le fer comme une pouſſiére légére de cuivre, & s'y amaſſe peu-à-peu : plus il s'y en raſſemble, plus le fer qui eſt deſ-ſous eſt rongé ; & pour lors le cuivre, en prenant ſa place, prend auſſi la forme qu'avoit le fer. Le cuivre ainſi précipité, & non pas produit par le fer, ſe nomme *cuivre de cémentation.* Il s'en trouve de cette eſpèce dans beaucoup d'endroits ; mais nulle part auſſi abondamment qu'à Neu-ſol en Hongrie, où l'on retire tous

les ans plusieurs quintaux de co
cuivre.

Section II.

De l'Alun.

I. L'Alun eſt un ſel blanc,
cryſtallin, formé par l'union de
l'acide ſulfureux ou vitriolique,
& d'une terre calcaire.

II. Il paroît que la terre de l'a-
lun eſt une terre calcaire : 1°. Parce qu'en la calcinant, elle devient d'une blancheur éclatante;
ſi on l'examinoit avec ſoin, peut-
être la trouveroit-on propre à différens uſages, tels que la peinture, le fard, &c. 2°. Parce qu'en
joignant un alcali, cette terre eſt
précipitée ſur le champ.

III. On voit que l'alun eſt
compoſé d'un acide, 1°. par ſa

diſtillation ; mais il faut, avant que de la faire, commencer par le calciner doucement pour lui ôter ſon flegme, 2°. en le mêlant avec de l'alcali qui, en ſe chargeant de ſon acide, forme un ſel neutre, compoſé d'acide & d'alcali.

IV. Ce qui prouve que cet acide eſt vitriolique ou ſulfureux, c'eſt le ſel qui réſulte de la combinaiſon précédente ; il ne différe aucunement de celui qui ſe fait par l'union d'un alcali avec l'acide ſulfureux ou vitriolique.

V. Les minéraux qui contiennent l'alun, & dont on le tire ſont, 1°. une ſubſtance ligneuſe & bitumineuſe, de la nature du charbon de terre ; c'eſt ce qu'on peut voir à la fameuſe fabrique d'alun de Commodau en Bohême ; 2°. une terre brune, bitumineufe & inflammable, qui fe trouve abondamment à Belgern près de Torgau; 3°. une ardoife bitumineufe & graffe, qui fe trouve à Schwemfel, & près de Freyberg, ainfi qu'à Reichenbach en Voigtlande; 4°. une pierre noirâtre feuilletée, qui accompagne les filons de mines pyriteux, que les Mineurs Allemands nomment *Kneis*, & qui fe trouve à Braunsdorf & ailleurs. 5°. Dans la pierre calaminaire; s'il ne s'en trouve point dans toutes, du moins il y en a qui en contient; telle eft celle de Tzcheren, près de Commodau. 6°. L'alun natif; tel eft l'alun de plume, qui fe trouve mêlé avec le vitriol, à Neufol en Hongrie.

VI. L'alun eft déja tout formé dans un grand nombre de minéraux; il fuffit de les laver pour l'en retirer.

VII. Ordinairement il faut que la mine d'alun éprouve l'action du feu ; ſoit qu'on la brûle exprès ; ſoit que les alternatives de la chaleur & de l'humidité lui ayent fait prendre feu : & lorſqu'on trouve l'alun tout formé, ſa formation peut avoir été précédée d'un échauffement interne ; à moins qu'on ne prétende que les eaux s'en ſont imprégnées dans un endroit, qu'elles l'ont entraîné, & qu'elles l'ont dépoſé dans un autre.

VIII. La diſſolution d'alun ne cryſtalliſe pas aiſément d'elle-même, à moins qu'on n'y mette un tems très-long ; elle conſerve une conſiſtence de miel ; c'eſt pourquoi il faut y joindre ce qu'on nomme communément un *préci-pirant.*

IX. Cette addition eſt ou de

l'alcali volatil (dans plufieurs én-
droits on fe fert d'urine putréfiée)
ou de l'alcali fixe ; alors on employe la diffolution de foude, qui
eft un alcali mêlé d'un peu de fel
marin.

X. Si l'opération a été faite
avec de l'urine, & qu'on traite le
mélange dans les vaiffeaux fermés, avec de l'eau forte & du fel
marin, on obtiendra une plus grande quantité de fel ammoniac ;
d'où l'on verra qu'il eft paffé réellement dans le mélange de l'a-
lun, une portion du fel volatil de
l'urine.

XI. L'alun eft très - foluble
dans l'eau, parce qu'il en contient lui - même une très - grande
quantité.

XII. Il devient laiteux, blanchâtre & trouble à l'air, quand il
eft un peu échauffé ; ce qui prou-

ve qu'il eſt terreux, & qu'il a perdu ainſi une partie de ſon eau,
qui lui donnoit de la tranſparen-
ce.

XIII. L'alun, quand on en
met dans le feu, jette d'abord des
bouillons comme l'eau ; enſuite
il devient viſqueux, & enfin il
ſe réduit en une terre d'un blanc
très-éclatant, & difficile à vitri-
fier ; ce qui ſemble encore prou-
ver ſa nature calcaire.

SECTION III.

Du Nitre, ou Salpêtre.

I. PAR Salpêtre, malgré la
conformité du ſon, on n'entend
point ici ce qu'on nomme *Sal pe-
tre* en Latin. Le *Salpêtre* n'eſt
autre choſe que le ſel gemme ou
ſel ordinaire ; & par *nitre*, on

n'entend point le *nitrum* des Anciens ; ce *nitrum* n'eſt point la
même choſe que ce qu'on déſi-
gne ainſi aujourd'hui par ce mot
du Latin moderne. Les Anciens
entendoient tantôt un ſel alcali ,
tel que celui qui ſe trouve dans
quelques eaux minérales ; tantôt
le ſel qui ſe forme ſur la chaux de
quelques murailles.

II. Le nitre eſt proprement un
ſel neutre , formé par l'union de
ſon acide , c'eſt-à-dire, de l'acide
nitreux & d'un alcali.

III. Son alcali ne vient ni du
règne végétal , ni du règne animal, quoiqu'il puiſſe y participer ;
mais du règne minéral , ſans cependant être fort différent de l'alcali végétal ; puiſque , du réſidu
de la diſtillation de l'eau-forte, on
obtient un ſel qu'on nomme *Arcanum duplicatum ,* ou *ſel de duo-*

bus ; qui ne différe point du tartre vitriolé, & qui est formé par l'union de l'alcali du tartre & de l'acide vitriolique.

IV. Quant à l'acide du nitre, il est tout-à-fait particulier ; car avec son alcali, il constitue un sel qui s'allume avec un phlogisti-que, ce qui n'arrive à aucun autre sel du monde ; sans parler de son action sur l'or & sur l'argent.

V. Il n'y a pas lieu de douter que cet acide ne vienne de l'air, & qu'il se modifie suivant la terre dans laquelle il est reçu ; tant qu'il est encore dans l'atmosphére, il est vague & indéterminé, puisque, quand il lui arrive de passer dans un alcali végétal, tel qu'est l'alcali du tartre, il ne se manifeste aucunement comme un acide nitreux ; mais comme un acide vitriolique.

VI. Le nitre se forme dans une terre grasse, visqueuse & limoneuse; & cette génération se fait plus abondamment, lorsqu'on y joint des substances végétales & animales putréfiées, telles que du fumier, de l'urine, des murs de glaises tirés des étables de brebis, &c.

VII. Quand cette formation est opérée, ce qu'on reconnoît à l'efflorescence, ou à l'enduit blanc qui paroît sur les murailles, on les lave avec de l'eau qu'on fait bouillir pour faire cryftallifer le salpêtre, il reste une liqueur brune & épaisse qu'on appelle *Eau mere*, elle sert à faciliter l'opération suivante du salpêtre; cette eau-mere évaporée jusqu'à siccité, ensuite rougie au feu, lavée & calcinée jusqu'à ce qu'elle devienne blanche, est ce qu'on nomme la *Magnéfie blanche,* ou le *polvere albo Romano* des Italiens. Elle entre dans l'ufage médicinal.

VIII. Le nitre ne s'altére point à l'air, à moins qu'il ne foit affez humide pour le diffoudre ; mais quand on l'a écrafé & féché pour lui faire perdre fon humidité, il s'humecte de nouveau à l'air.

IX. Il fe diffout aifément dans l'eau , parce qu'il en contient beaucoup, & parce que fa terre eft un alcali très-pur & très-fubtil.

X. Il fe fond promptement, & devient liquide comme de l'eau, fi on lui donne un degré de feu violent. Il fe change en une maffe blanche fèche & concrete, qui s'humecte aifément à l'air, & qu'on trouve comme graffe au toucher ; d'où il s'enfuit que dans cette opération il a perdu une partie de fon acide, & qu'il eft devenu plus alcalin.

XI. Sa principale propriété eft de s'allumer avec toutes les fubftances inflammables, telles que les charbons, la graiffe, &c.

XII. On ne peut dégager fon acide par la diftillation fans y joindre un autre corps ; on fe fert pour cela de vitriol ou d'alun, d'argille, de terre graffe, &c.

XIII. Il y a deux caufes de ce phénomène, 1°. L'acide vitriolique contenu dans le vitriol ou dans l'alun, étant plus puiffant que l'acide du nitre, le dégage de fon alcali pour s'y unir en fa place ; de cette maniére l'acide nitreux paffe à la diftillation. 2°. On mêle de la terre avec le nitre pour empêcher qu'il ne faffe une maffe en fondant, & afin qu'il puisse donner plus aisément son acide ; cependant c'est l'acide vitriolique que fournit la terre grasse, ou l'argille, ou la terre à briques, qui, même dans cette opération, chasse l'acide nitreux. Une preuve que cette terre est propre à produire cette effet, c'est que la terre dont on fait la brique rougit par l'action du feu, ce qui suffit pour démontrer sa nature ferrugineuse ; & c'est ce qui n'est pas moins constaté par l'expérience de Bécher, qui consiste à tirer du fer de l'argille mêlée avec de l'huile de lin.

XIV. Qu'on prenne parties égales de bon nitre & de vitriol bien séché & calciné à blancheur ; on peut mettre un peu moins de cette derniére matiére ; qu'on triture & mêle bien ensemble ces deux choses; qu'on les mette dans une cornue de terre bien lutée, pour en faire la diſtillation ; & qu'on adapte à cette cornue un grand récipient ; en donnant en commençant un feu ſi doux, que la matiére ne fume point, mais ne faſſe que tomber goûtte à goutte, on aura, 1°. un flegme ou eau, qui ſouvent a un goût acide. 2°. l'acide paſſera ſous la forme d'une vapeur jaune ; on donnera le même degré de feu, juſqu'à ce que cette vapeur ceſ-fe. 3°. On trouvera dans la cornue une eſpèce de gâteau un peu fondu ; on n'aura qu'à l'écraſer, le diſſoudre dans de l'eau, filtrer la diſſolution, la mettre à évapo-rer juſqu'à pellicule, & la placer dans un endroit froid pour cryſ-talliſer, & l'on obtiendra un ſel qu'on nomme *arcanum duplicatum*. Si l'opération a été bien faite, ce fel fera très-blanc ; il n'aura point le goût vitriolique , mais il fera amer ; fans quoi il faudra recommencer la même opération. Il y a ordinairement quelque chofe de vitriolique dans le réfidu. 4°. Il reftera fur le filtre une terre rouge , qu'on nomme le *caput mortuum* de l'eau - forte ; c'eft la partie métallique du vitriol.

XV. La raifon de cette opération, c'eft que l'acide du vitriol qui a chaffé l'acide du nitre, s'eft uni à fon alcali ; ainfi *l'arcanum duplicatum* eft formé par l'acide vitriolique & l'alcali du nitre.

XVI. Prenez une partie de nitre & une partie & demie de terre bolaire ; faites la diftillation de ce mêlange de la maniére qui a été dite. (§. 14.)

XVII. L'acide du nitre , qui a été tiré par le moyen du vitriol, s'appelle *Eau-forte* ; parce que cette eau diſſout l'argent ; quant à celui qui a été obtenu par le moyen de la terre bolaire, il s'appelle *Eſprit-de-nitre*, nom qui lui a été donné par les Médecins, qui regardoient autrefois l'eau-forte comme dangereuſe ; mais au fond il n'y a nulle différence, & tous deux ſont de l'acide nitreux. Il faut ſeulement que la diſtillation ſe faſſe avec précaution, pour qu'il ne paſſe point d'acide vitriolique en même-tems, ce qui nuiroit à l'acide nitreux, ſur-tout pour le départ de l'or ; ce qui arrive toutefois aſſez ordinairement aux Diſtillateurs d'eau-forte, qui ne viſent qu'au profit.

SECTION

SECTION IV.

Du Sel marin.

I. LE sel marin, ou sel ordinaire, dont on se sert pour la préparation des alimens, est un sel
neutre, formé par l'union d'un
acide & d'un alcali qui lui sont
propres.

II. On peut se convaincre que
son alcali est différent de celui du
nitre & de la potasse, par le sel
admirable de Glauber, qui différe beaucoup de la nature de
l'*arcanum duplicatum*; qui est très-
soluble dans l'eau, & très-fusible
dans le feu.

III. On voit aussi que son acide est quelque chose de particulier par sa couleur, par son odeur,
& par ses effets dans l'eau régale.

II. Partie. C

IV. Ce sel se trouve, 1°. Dans la mer, ce qui l'a fait appeller Sel marin ; on le nomme aussi *Sal culinare*, sel de cuisine, & *Sal coctum*, non-seulement parce qu'il sert dans la cuisson des alimens, mais encore parce qu'il s'obtient par la cuisson. 2°. Dans la terre, & pour lors on le nomme *Sel gemme* ou *Sel fossile*. 3°. Dans le sel ammoniac, qui est formé par l'acide du sel marin & du sel alcali volatil. 4°. Dans l'urine où il est porté par les alimens.

V. Il attire l'humidité de l'air, & devient liquide comme de l'huile par défaillance ; celui de Hall est surtout déliquescent ; celui de Strasfurth, & celui de Lutzen le font moins, parce qu'ils ont plus de terre.

VI. Il se dissout aisément dans l'eau ; mais cependant avec des fférences. Celui qui a été retiré par la cuisson s'y diſſout plus promptement que le ſel gemme.

VII. Il décrépite d'abord, c'eſt-à-dire, qu'il pétille & fait du bruit dans le feu, même après avoir été pulvériſé ; enſuite il devient liquide comme de l'eau ; & c'eſt ce qu'on appelle *Sel décrépité* ou *Sel fondu.*

VIII. Prenez parties égales de ſel marin fondu & pulvériſé, & de vitriol calciné à blancheur ; mêlez-les exactement enſemble ; faites-en la diſtillation comme on l'a preſcrit pour l'acide nitreux ; après qu'il a paſſé un peu de fleg-me, il vient une vapeur blanche comme celle de l'acide vitrioli-que qui ſe réſout en une liqueur jaune, couleur qu'on ne remar-que à aucun autre acide.

IX. Il reſte dans la cornue une

ſubſtance fondue, rouge, de la forme d'un gâteau. Si on la diſ-ſout dans de l'eau, & qu'on la filtre, il s'en ſépare d'abord le *caput mortuum* du vitriol. Enſuite, cette ſolution miſe à évaporer, donne un ſel formé par l'union de l'acide du vitriol, & de l'alcali du ſel marin, plus ſoluble dans l'eau, & plus fuſible dans le feu que l'*arcanum duplicatum*. C'eſt le *ſel admirable de Glauber*.

X. On peut auſſi ſe ſervir dans cette opération d'alun au lieu de vitriol; mais il en faut prendre trois parties. Glauber y employoit l'huile de vitriol, qu'il déſignoit ſous le nom de *Soufre de ſéparation*.

XI. L'uſage principal de l'acide du ſel marin eſt d'entrer dans la compoſition de l'*eau régale*, dont nous parlerons plus loin, *Sect.* 2. *Chap.* I. *Liv.* II.

SECTION V.

Du Sel ammoniac.

I. L E nom du fel *Ammoniac* eſt dérivé, felon toute apparence, du mot grec, ἄμμος, fable, & ſignifie, *Sel de ſable*, ou fel retiré par la lotion du ſable qui eſt au bord de la mer; mais il n'eſt pas décidé ſi les Anciens ont entendu par-là le même fel que nous appellons aujourd'hui *Sel Ammoniac*. D'autres conjecturent qu'il a a été ainſi appellé du Temple de Jupiter Ammon, & que ce nom eſt celui du pays d'où l'on tiroit ce fel.

II. Il entre trois choſes dans le fel ammoniac; on prétend que ce font trois ſubſtances ſalines, le fel marin, l'urine, & la ſuie vitrifiée : c'eſt à Veniſe qu'on en fabrique le plus. Mais on peut voir par le ſel ammoniac, natif de Pouzole en Italie, que le ſel marin eſt propre à en faire, ſans le ſecours de l'urine ou de la ſuie.

III. C'eſt l'acide du ſel marin qui domine, ou qui eſt en plus grande quantité dans le ſel ammoniac ; & l'expérience ſuivante démontre qu'on peut ſe paſſer de la ſuie.

IV. Prenez une partie de ſel marin & quatre parties d'alun ; faites-en la diſtillation dans une cornue de terre ; à la fin de l'opération, il s'attache du ſel ammoniac, tout formé, dans le col de la cornue. Il eſt vrai que dans cette opération on n'a point employé d'urine ; mais l'alun dont il a fallu ſe ſervir a dû avoir été fait avec de l'urine ; d'ailleurs, par ce procédé on n'obtient qu'une très-petite quantité de sel ammoniac ; & l'acide du sel marin avec son alcali, peut former de l'alcali votil, au moyen de la terre calcaire.

V. Ce sel est d'une consistence terreuse ; il n'est ni en crystaux, ni transparent.

VI. Il est d'une saveur plus forte que le sel marin, avec lequel il a pourtant assez de rapport.

VII. Il ne s'altére aucunement à l'air, à moins qu'il ne soit fort humide.

VIII. Il est très-soluble dans l'eau.

IX. Le feu le dissipe & le volatilise entiérement dans les vaisseaux découverts.

X. Dans les vaisseaux fermés, il se sublime & s'attache tout à leur partie fupérieure, excepté les faletés qu'il peut avoir contractées. Ce fublimé s'appelle *fleurs de fel ammoniac* ; mais cette dénomination n'eft pas exacte ; car ce n'eft point une partie de ce fel, mais le tout qui a été fublimé ; on devroit plutôt le nommer *fel ammoniac purifié*.

XI. On en fépare, ou l'acide du fel marin, ou le fel volatil.

XII. Pour féparer l'alcali volatil du fel ammoniac , on y joint, ou un alcali, ou de la potaffe , ou de la craie calcinée , ou du gypfe , ou de la ftalactite calcinée , ou du fpath en parties égales ; cependant on peut y ajouter une portion plus grande de ces pierres ; on fublime ce mêlange , & le fel volatil s'attache aux parois du chapiteau , fous la forme

& la blancheur d'une neige. On peut renfermer un mélange sem-blable dans un flacon, pour user de l'odeur, sans qu'il soit besoin de sublimation.

XIII. Ou bien on peut en-core verser sur un pareil mélange de l'esprit - de - vin, ou de l'eau commune ; & l'on aura un sel volatil , presque entiérement sous une forme liquide ; c'est la meilleure maniére de le conser-ver ; on le nomme *esprit de sel ammoniac, à l'esprit - de - vin*, ou *anisé*, si l'on y a mis de l'anis, ou *aqueux*, si c'est avec l'eau.

XIV. Sur parties égales de sel ammoniac & d'alcali, versez environ trois ou quatre travers de doigts d'esprit-de-vin ; distillez ce mélange au bain de sable, dans un matras fort élevé.

XV. Sur parties égales de sel

ammoniac & d'alcali, verſez de l'eau , de ſorte qu'elle ſurnage de deux ou trois doigts ; diſtillez dans des vaiſſeaux bas, parce que l'eau s'éléve peu.

XVI. Pour ſéparer l'acide du ſel marin, qui eſt dans le ſel ammoniac, il faut prendre parties égales de ſel ammoniac & de vitriol calciné à blancheur, mêler & broyer bien ces ſubſtances ; l'acide ſe dégage même pendant la trituration ; on fera diſtiller le tout dans un matras bien élevé, au bain de ſable, en donnant un feu médiocre ; il viendra d'abord plus ou moins de flegme, ſelon que le vitriol aura été plus ou moins ſec ; enſuite de l'acide ſous la forme d'une vapeur blanche, & en même-tems des fleurs ou un ſublimé, qui n'eſt autre choſe que du ſel ammoniac.

XVII. Dans cette opération, l'acide vitriolique chasse l'acide du sel marin, & s'unit avec l'alcali du sel marin, & ensuite avec l'alcali volatil ; si ce dernier n'y étoit point, nous n'aurions dans le résidu que du sel de Glauber ; mais il se forme un nouveau sel qui, outre l'acide vitriolique & l'alcali du sel marin, contient encore un sel alcali volatil : c'est un Médecin Hollandois, appellé Sylvius, qui a le premier introduit l'usage de ce sel dans la Médecine ; on le nomme *Sel digestif de Sylvius*. Il est d'une nature assez alcaline, & il a la saveur du sel marin & du sel ammoniac ; sa figure qui approche assez de la cubique, indique son analogie avec le sel marin.

XVIII. Le sel ammoniac est l'agent principal dans la volatilifation des métaux ; il eſt même impoſſible de ſe paſſer de lui.

XIX. Dans le réſidu de la diſtillation qu'on a faite du ſel ammoniac, pour en ſéparer l'aci-de, on trouve, en y faiſant at-tention, un peu de ſel de Glau-ber.

XX. Dans la même diſtilla-tion, il s'attache à la partie infé-rieure du matras, un ſel qui de-vient liquide à l'air, & qui n'eſt ni un acide, ni un alcali. Un Adepte voulut un jour m'appren-dre à faire la pierre Philoſophale avec ce ſel.

XXI. Il eſt remarquable que le ſel ammoniac eſt compoſé de ſubſtances des trois règnes de la nature ; du ſel marin, qui eſt du règne minéral ; de l'urine, qui eſt du règne animal, & de la ſuie, qui appartient au règne végétal.

Ces confidérations, jointes à la propriété qu'il y a de volatilifer les métaux, propriété qu'on peut regarder comme la voie la plus prochaine, pour parvenir à leur *mercurification*, doivent donner beaucoup à penfer à un Alchymifte.

SECTION. VI.

Du Borax.

I. LE *borax*, *baurach*, ou *tincar*, eft un fel que l'on apporte brut du Levant, & fur-tout de l'Egypte, & que l'on raffine à Venife.

II. Nous n'entreprendrons point de décider fi le borax eft une fubftance minérale, qui doit fon origine au fel marin, ou s'il eft poffible, comme on l'a conjecturé, qu'il se forme quelque chose de semblable dans un terrein sabloneux, voisin de la mer, le sel marin inclinant à être urineux, propriété qui est une de celles du borax; ou s'il y entre de l'urine de chameau, ce qui ne seroit pas sans vraisemblance, le borax ayant un goût d'urine, quoiqu'on ne puisse en tirer de sel alcali volatil; ou bien si c'est un sel purement artificiel; sentiment qui doit paroître le plus croyable; car les phénomènes que j'ai observés sur le borax brut, indiquent une composition tout-à-fait singuliére. Il y a des Minéralogistes qui le regardent comme une pierre d'une espèce particuliére.

III. Le borax brut fait dans l'eau une solution brune, qui donne un borax assez dur & as-

fez bon, mais encore jaunâtre ;
fi on fait évaporer lentement le
réfidu, on a une matiére vifqueufe & gluante, jaunâtre comme
de la gomme, ou du caramelle,
qui s'enflamme avec le nitre,
noircit fur les charbons, répand
une odeur de graiffe brûlée, fe
fond enfin, fans toutefois devenir parfaitement fluide, & ne
peut fe réduire en cendres. D'où
l'on voit que le borax a des propriétés, qui ne font pas d'une
fubftance minérale pure, fans parler de fon odeur, qui eft anima-
le; la matiére graffe & vifqueufe
qu'on y remarque, pourroit être
regardée comme bitumineufe,
mais elle n'en a point l'odeur, &
ne fe réduit point en cendres.

IV. Le borax raffiné devient
un peu trouble & louche à l'air
chaud ; ce qui prouve qu'il entre

beaucoup de terre dans sa composition.

V. C'est pour cette même raison qu'il se dissout difficilement dans l'eau.

VI. Il bouillonne & jette de l'écume dans le feu ; & quand on en augmente le degré, il se change en un verre très-tendre, qui attire l'humidité de l'air.

VII. J'ai mêlé parties égales de borax & de sable ; en distillant ce mélange dans une cornue, je n'ai obtenu qu'une liqueur claire & insipide, & je n'ai point eu de sel volatil, comme je me l'étois imaginé.

VIII. Le borax est employé, 1°. par les Orfévres, pour fondre & souder l'or, 2°. par les Essayeurs, pour essayer le fer, 3°. par les Ouvriers en verre & en émaux.

SECTION VII.

Du Tartre.

I. LE Tartre eſt un ſel compoſé d'un acide, d'une terre inflammable, & d'une eau qui a auſſi la propriété de s'enflammer.

II. On peut avec raiſon l'appeller le *Sel du Vin*; en effet, non-ſeulement il ſe dégage de lui-même du vin, ſans ſubir la deſtruction que l'on attribue ordinairement à l'action du feu; mais encore il ſe trouve déja dans le moût, quand après l'avoir fait évaporer juſqu'à la conſiſtance de miel, on le place dans un lieu frais.

III. Sa ſaveur aigre, & ſon efferveſcence avec les alcalis, prouvent qu'il contient un acide;

en effet, il fait une effervescence considérable avec les eaux minérales, nommées *Acidules*.

IV. On verra qu'il contient une liqueur ou esprit inflammable , lorsqu'on le fera distiller dissout dans de l'eau, en y joignant un peu de sel marin.

V. La terre inflammable du Tartre se manifeste sur-tout par sa détonnation avec le nitre, & par la propriété de s'enflammer de lui-même dans le feu, & de s'y réduire en charbon.

VI. Quant à l'alcali, & à l'huile empyreumatique , on ne peut pas dire que le tartre les contienne ; ces choses se forment par la décomposition du tout, & de la transposition de ses parties.

VII. Le Tartre ne souffre point d'altération à l'air.

VIII. C'est de tous les Sels celui qui fe diſſout avec le plus de peine dans l'eau, à cauſe de la quantité de parties terreſtres dont il eſt chargé ; c'eſt pourquoi on eſt obligé de l'y faire bouillir pour le mettre en diſſolution.

IX. Il brûle & s'enflamme dans le feu en répandant beaucoup de fumée, & ſe met en charbon ; ſi l'on augmente le feu, il ſe réduit en une cendre dont on tire le ſel alcali du Tartre.

X. Qu'on prenne du tartre le plus blanc en gros morceaux ; qu'on commence par le laver & le ſécher; qu'on en rempliſſe aux deux tiers tout au plus, une cornue de terre bien lutée, & qu'on y adap-te un grand récipient ; il viendra, 1°. Du flegme qui tombera goutte-à-goutte. 2°. Un eſprit ardent acide. 3°. Une huile inflammable fétide ou empyreumatique, qu'on pourra féparer de l'efprit au moyen d'un filtre de papier brouillard. Il ne faut pas confondre cette huile avec celle qu'on appelle huile de Tartre *par défaillance.*

4°. Il reftera dans la cornue, un charbon dont on obtiendra l'al-cali fixe, en continuant à le faire brûler dans un creufet. Pour cet effet, on prendra ce charbon au fortir de la cornue tandis qu'il eft encore très-chaud; ou bien on n'aura qu'à faire fimplement brû-ler du Tartre dans un creufet; on le fera rougir jufqu'à ce que ce charbon ne foit prefque plus noir; il ne faudra point que le feu foit trop violent, de peur que la maffe n'entre en fufion; afin que cette maffe n'attire point d'humidité de l'air, on la mettra auffi chaude qu'on pourra, dans un vaiffeau où il y ait de l'eau bien nette ou de l'eau de pluye ; on filtrera la folution ; on la fera évaporer juſ-qu'à ſiccité ; on calcinera la ma-tiére blanche & peu compacte qu'on aura obtenue, ſans cepen-dant la faire entrer en fuſion ; on la conſervera dans un endroit chaud ; & l'on aura ainſi un ſel alcali du tartre, qui ſera plus pur que celui de la potaſſe.

XI. Si on prend de ce ſel de tartre un peu écraſé ; qu'on en étende une couche mince ſur un plat de fayence, ou ſur un mar-bre, que l'on expoſera dans une cave, ou dans un endroit humi-de ; il deviendra liquide ; c'eſt ce qu'on nomme l'*huile de tartre par défaillance.*

XII. Le ſel de tartre ſaturé ; ou ſur lequel on a verſé du vinai-gre juſqu'à ce qu'il ne ſe faſſe plus d'efferveſcence, forme une liqueur qu'on nomme *Arcanum tartari* ; ſi on la fait évaporer pour la cryſtalliſation , on obtient la *terre foliée du Tartre.*

XIII. La crême ou les cryſtaux de tartre , ne ſont qu'un tartre bien purifié par l'eau.

SECTION VIII.

De l'Urine.

I. ON tire trois choſes de l'u-rine de l'homme : 1°. Le ſel eſ-ſentiel d'urine. 2°. Le ſel volatil. 3°. Le phoſphore.

II. Pour avoir le ſel eſſentiel de l'urine , il faut prendre celle d'un jeune homme , ſain, qui boi-ve du vin, & avant qu'elle ait eu le tems de ſe putréfier ; en évapo-rer de huit à douze livres , juſqu'à ce qu'elle ait acquis une conſiſtence de miel , & que le sel volatil commence à s'élever ; la faire crystalliser dans un lieu frais ; décanter la liqueur qui surnâge , & réitérer l'évaporation & la crystallisation, afin d'achever d'en tirer le sel qui y est contenu ; après cette seconde opération, ce seroit perdre son tems que d'y chercher quelque chose de plus par de longues évaporations ; on n'en tirera que du sel marin, qui a passé dans le corps humain par la voie des alimens. Quand on a réitéré jusqu'à deux & même trois fois cette crystallisation, on obtient des crystaux de sels qui sont ordinairement oblongs ; on les met à chaque fois sur du papier brouillard, afin d'en dégager les saletés; on dissout ensuite ce sel dans de l'eau bien pure ; on filtre la dissolution ; on la fait évaporer & crystalliser ; &

le fel en eft beaucoup plus pur, mais encore fétide ; on réitérera la folution & la cryftallifation ; fi l'opération a été bien faite, il ne fera pas néceffaire de recommencer ; on mettra à part la liqueur épaiffe, qui reftera après chaque cryftallifation. Ce fel parfaitement blanc, & dépourvû de toute odeur défagréable, fera le fel effentiel de l'urine, c'eft-à-dire, un fel qui fait partie du tout, & qui y étoit effentiellement contenu, mais déguifé ; car, 1°. il s'obtient par une féparation qui s'opére doucement, & conforme à la façon d'agir de la nature ; fçavoir, par une évaporation lente, pour laquelle on n'a point employé la violence du feu ; cette évaporation n'agit que fur la partie flegmatique, & elle n'a pas pû détruire ni décompofer le tout.

2°.

20. Ce sel n'est point, comme le sel marin, une substance étrangére portée du dehors au-dedans du corps humain ; mais il y a été élaboré par la coction & par d'autres mouvemens des organes , & formé de substances dans lesquelles il n'étoit pas ; cependant il n'est pas impossible que le sel marin ait contribué à sa formation.

III. Ce sel est très-fusible dans le feu ; d'ailleurs, il a beaucoup de rapport avec le borax , excepté que le verre qu'il produit est plus tendre que celui de ce dernier sel.

IV. Il faut bien prendre garde de confondre ce sel-essentiel de l'urine, avec celui qu'on obtient par le mélange de l'urine putréfiée & du sel ammoniac , ou avec l'alcali fixe , qu'on retire en brûlant les restes de l'urine qu'on a amassée ; car il n'est ni un alcali fixe, ni un alcali volatil, mais un sel composé d'une terre vitrescible, & d'un sel volatil retenu ou lié par de la terre.

V. Voici comment on fait le sel volatil de l'urine. On prend de l'urine de jeune homme putréfiée ; on en remplit à moitié tout au plus une cucurbite élevée en y mêlant du sable bien pur, parce que la matière est sujette à se gonfler ; on en distille environ le quart ; on jette le reste ; on recommence la même distillation dans des vaisseaux nets, jusqu'à ce que l'odeur fétide soit entièrement dissipée.

Il y a des Chymistes qui, pour corriger la mauvaise odeur, y mêlent des plantes, fleurs ou essences aromatiques, telles que la fleur d'orange, de l'essence de lavande, &c. qui contribuent, en effet, à la rendre plus agréable ; mais un sel volatil qui est un peu huileux, ne peut pas servir, quand il est question d'expériences exactes.

SECTION IX.

De l'Alcali fixe.

I. LE *Kali* est une plante qui croît sur les bords de la mer, & qui contient du sel marin. La particule *al*, qui est Arabe, revient à l'article *le* ; on a désigné d'abord par le terme *Kali*, la plante, ensuite le sel qu'on en a tiré. Il sembleroit donc que ce sel, tel que celui de la soude, doive être de la nature du sel marin ; mais on s'est écarté de cette acception, & l'on

a appliqué le nom d'*Alcali*, à tout
sel obtenu par la lessive des cendres d'une plante quelconque.

II. Enfin, on a trouvé que
dans le règne minéral, & sur-tout
dans les eaux minérales, il y avoit
un sel alcali, qui étoit, à l'exception des substances calcaires qui
s'y trouvoient mêlées, le même
que celui qu'on retire des cendres
des végétaux ; c'est le *nitre* ou *na-
tron* des Anciens.

III. On voit que le sel alcali
est un sel simple, qu'on ne peut
décomposer, terreux & sec, ou
d'une forme concrète, opposé à
l'acide. On le nomme aussi *Sel
lixiviel.*

IV. Il se trouve, 1°. dans toutes les substances végétales, telles que le bois, l'écorce, les racines, les feuilles, les fruits, la
sémence, le charbon, &c. 2°.

dans toutes les substances animales brûlées, dans les os, dans le
sang, &c. avec cette différence
qu'il est plus sec que celui des
plantes, 3°. dans le nitre : on ne
peut montrer qu'il y est *per se* ;
mais sa présence se manifeste dans
l'*arcanum duplicatum*, dans les
flux ou fondans pour les essais,
&c. 4°. dans le sel marin, où il
est si légérement uni avec l'acide, qu'à l'air il se résout presque
entiérement en une liqueur alcaline, 5°. dans les eaux minérales acidules, & autres qui, telles qu'elles sortent de la terre,
font effervescence avec les acides, 6°. dans la soude qui, outre le sel de la cendre, contient
encore du sel marin.

V. On pourroit encore joindre à cela la pierre à chaux, le

D iij

plâtre *, les stalactites, le spath blanc, la craie, les yeux d'écrivisses, &c. Ces substances faisant effervescence avec les acides, on peut objecter que l'effervescence de ces substances avec les acides, ne donne pas plus de droit de les appeller *alcalis*, que le fer qui fait effervescence avec l'huile de vitriol. Mais il ne faut point oublier qu'il est ici question des sels, dont l'alcali est une espèce, & qu'une substance ne peut passer pour un sel, sans avoir un goût salé, sans être soluble dans l'eau, & sans passer avec elle par le filtre.

VI. Pour établir une différence encore plus marquée entre les

* Le plâtre ne fait point effervescence avec les acides ; on ne doit donc pas le regarder comme une substance alcaline ou calcaire.

fubftances alcalines, dont on vient de parler, il faut obferver qu'on a l'alcali fixe, 1°. dans un état fimple, ou par lui-même dans le règne minéral, ou par l'eau dans les végétaux.

2°. Dans un état compofé, comme dans le nitre, le fel marin, les fels amers des fontaines, l'*arcanum duplicatum*, le tartre vitriolé, le fel de Glauber.

VII. Parmi ces fels, la potaffe, qu'on devroit plutôt nommer *fel de cendres*, & le fel de tartre, font le plus en ufage ; mais ce dernier eft le plus cher.

VIII. L'alcali a la vertu particuliére, lorfqu'il eft à l'air, non-feulement d'en attirer l'humidité, en même-tems que l'acide, mais encore de s'y réfoudre en eau : c'eft ce qu'on appelle *huile de tartre par défaillance.*

D iiij

IX. On peut conclure de-là combien il a de facilité à se dissoudre dans l'eau.

X. Il ne se dissipe point au feu, ce qui le fait nommer alcali *fixe*; & si on lui en donne un degré violent, il se vitrifie ; c'est la raison pour laquelle on l'employe à faire le verre.

XI. Je ne parle point ici du sel volatil de tartre ; je crois qu'il vient des lies de vin.

XII. Tout le monde sçait la maniére de dissoudre dans l'eau & d'évaporer à siccité la potasse ; mais lorsqu'on veut l'employer pour faire des expériences avec sûreté, il faut la préparer soi-même avec toute l'exactitude possible, & sur-tout prendre garde qu'il n'y ait parmi les cendres, quelque substance étrangére, telle que de la glaise brûlée ; ou si on l'a achetée, il est à propos de la dégager du charbon & de la terre, dont elle est mêlée, & en séparer ensuite le tartre vitriolé, qui peut y être joint : *Voyez la Section I. Chapitre II.* Quand on prépare soi-même la potasse & le sel de tartre ; pour ne point avoir de tartre vitriolé, on aura grand soin, par exemple, que la matiére charbonneuse qui reste dans la cornue après la distillation, ne séjourne point à l'air & n'ait pas le tems d'y refroidir ; pour cet effet, on la mettra sur le champ dans un creuset, & on continuera à la brûler entiérement ; au sortir du creuset on la fera dissoudre dans de l'eau ; & quand on aura obtenu le sel, on le tiendra dans un vaisseau bien bouché, qu'on placera dans un endroit sec & même chaud.

XIII. Quant au sel de tar-

tre, il faut confulter ce qu'on en
a dit §. VII. *Chap.* I.

SECTION X.

De l'Alcali volatil.

I. QUOIQUE par *fel volatil* on
entende ordinairement un fel alcali ; cependant il eft plus ordinaire de dire *fel alcali volatil*,
parce qu'il y a un fel volatil qui
eft acide ; tel eft le fel volatil du
fuccin.

II. Le fel alcali volatil eft un
fel fimple, qui s'éléve fous une
forme sèche & concrète. Il fait
effervefcence avec les acides ;
propriété qui lui eft commune
avec l'alcali fixe, dont il différe
par la volatilité.

III. Ce fel fe forme & fe trouve fur-tout dans le règne animal,

dans l'urine, la corne, les cheveux, les plumes, la foie, &c. & dans les substances qui participent de celles-ci, telles que le sel ammoniac, dans la préparation duquel il entre de l'urine, & dans le borax, comme je me l'imagine, quoique le travail que j'ai entrepris d'après cette idée ne m'ait pas réussi.

IV. Mais comme il est vrai, sur-tout par rapport aux sels, que les trois règnes de la nature circulent sans cesse les uns dans les autres ; le sel alcali volatil se présente aussi dans les règnes minéral & végétal.

V. Dans le règne minéral il y a plusieurs substances qui donnent du sel alcali volatil, 1°. des eaux ; telles sont celles de Lauchstadt, près de Mersebourg : Voyez *Bethesda Portuosa*, *pag.* 33. 2°. des terres ; telle qu'une terre bleue, qu'on trouve près de Schneeberg : Voyez mon Traité , *De appropriatione Chymicâ , pag.* 126. 3°. Le ſel marin qui, par les diſtillations réitérées, devient propre à ſe volatiliſer ; ce qui ſe démontre encore dans la Lune cornée.

VI. Le ſel marin a ſur les autres ſels minéraux l'avantage de s'incorporer facilement avec les ſubſtances des autres règnes, & par ce moyen de ſe ſubtiliſer. Il paſſe dans le règne animal avec les alimens & les liqueurs ; & dans le règne végétal , on le trouve dans les différens kalis : Voyez , *Flora Saturnizans , pag.* 655.

VII. Les matiéres animales , fluides & molles ; telles que l'urine, le ſang , la cervelle, don-

hent de l'alcali volatil par la putréfaction ; les matiéres sèches,
telles que la corne, les os, les
cheveux, &c. n'ont pas befoin
de la putréfaction, pour en donner.

VIII. Quand le fel alcali volatil eft joint avec un autre fel,
comme dans le fel ammoniac, il
ne s'en fépare qu'au moyen d'un
intermède ; tel que la potaffe, la
chaux vive, &c. Ces fubftances
s'uniffent avec le fel marin qui
eft dans le fel ammoniac, & par-
là l'alcali volatil eft dégagé.

IX. L'alcali volatil faturé par
l'acide vitriolique forme un fel
foyeux, qui mérite d'être exami-
né avec beaucoup d'attention.

SECTION XI.

De l'Acide.

I. LE sel acide est *ordinairement* un corps fluide qui, indépendamment des particules aqueuses, dont il ne peut se passer, est entiérement imprègné de particules acides, & fait effervescence avec tous les alcalis ; telles sont l'eauforte, l'acide vitriolique, &c.

II. J'ai dit *ordinairement*, & non point *toujours*, parce qu'il y a des acides sous une forme concrète ; tel que le sel volatil du succin.

III. J'ai dit aussi *imprègné* ; je m'explique. Le vin, par exemple, n'est point entiérement acide, non plus que le tartre ; cependant le vin & le tartre font effervescence avec les alcalis ; par exemple , avec les eaux minérales acidules : mais dans cette opération, tout ne fait pas effervefcence ; c'eft-à-dire, qu'il y a quelque chofe dans le vin & dans le tartre qui n'eft point acide , & qui n'entre point en ef-fervefcence.

IV. Ainfi l'acide eft un fel fimple, quoiqu'il foit plus aifé d'en féparer la partie aqueufe , qu'il n'eft facile de féparer la partie terreufe de l'alcali ; puifque ce dernier fel eft plus aifé à convertir totalement en terre , comme on peut voir par fon ufage dans l'art de la Verrerie.

V. On trouve l'acide dans les trois règnes de la nature ; mais fur-tout dans les règnes minéral & végétal : c'eft dans le minéral qu'il eft le plus puiffant ; il l'eft moins dans le règne animal.

VI. Dans le règne minéral ; c'eſt ſur-tout le ſoufre qui le contient, comme nous aurons occaſion de le voir ; & conſéquemment l'acide du vitriol vient du ſoufre , de même que celui de l'alun, celui du nitre , & celui du ſel marin.

VII. L'acide qui ſe trouve dans l'alun lui vient principalement de l'air , & accidentellement du voiſinage des pyrites qui ſe vitrioliſent ; alors l'acide du ſoufre qui ſe décompoſe s'unit avec la terre ou pierre alumineuſe, qui ſe trouve auprès de lui. Telle eſt la pierre qui ſe rencontre dans les mines pyriteuſes de Freyberg, que ſouvent on appelle *Kneuss* , & dans laquelle, outre la vitrioliſation de la pyrite, on voit qu'il ſe forme de l'alun. Quant à l'acide du nitre, il faut

croire que c'eſt l'air qui le fournit. Pour l'acide du ſel marin, il
paroît avoir une origine particuliére ; en effet, il ne vient ni d'u-
ne ſubſtance minérale qui lui ſoit
propre, comme celui du vitriol
vient du ſoufre ; ni de l'air, comme celui du nitre, ni d'ailleurs :
il paroît y être inné.

VIII. Dans le règne végétal,
l'acide ſe trouve, 1°. dans beaucoup de plantes aigres ; telles que
l'oſeïlle, &c. 2°. Dans tous les
fruits qui ne ſont pas mûrs, tels
que les ceriſes, les prunes. 3°.
Dans des fruits mûrs, comme les
citrons, tamarins, &c. 4°. Dans
le vin. 5°. Dans le tartre, 6°.
ſur-tout dans le vinaigre.

IX. Ainſi l'acide végétal eſt
de deux eſpèces, 1°. un de ces
acides eſt naturellement tel que
celui du vin, lorſqu'il eſt encore

vin. 2°. Un autre eſt produit par la fermentation acide ; tel eſt celui du vinaigre, ou du vin, lorſqu'il a ceſſé d'être vin.

X. On peut voir comment ſe produit l'acide vitriolique, celui du nitre, celui du ſel marin, du ſoufre & du tartre, aux endroits où nous avons traité de ces ſubſtances.

XI. Il ſeroit trop long de décrire ici la maniére de faire le vinaigre, ſur-tout avec les fruits doux & les ſemences ; où il faut que toute la nature de la mixtion ſoit renverſée par la fermentation acide. Mais une choſe digne d'attention, c'eſt la maniére de concentrer leur vinaigre, & de le dégager de ſes parties aqueuſes les plus groſſiéres.

XII. Un moyen ſûr, c'eſt de le faire geler dans un grand hiver, & d'enlever foigneufement à deux ou trois reprifes la glace qui s'y eft formée : on peut au moins le dégager ainfi de fon flegme le plus groffier, & enfuite le mettre en diftillation.

XIII. En diftillant le vinaigre, il paffe d'abord une liqueur fpiritueufe ; enfuite paroît l'acide le plus concentré : il faut fe fervir pour cela d'une cornue de verre & du bain-marie, afin que le vinaigre ne s'attache pas au fond du vaiffeàu ; ce qui feroit inévitable fi on diftilloit au bain de fable. Il refte au fond de la cornue une liqueur épaiffe, brune, inflammable, fur laquelle chacun pourra s'exercer.

XIV. L'acide fe trouve encore dans le règne animal, dans la lymphe, dans le fang, &c. Cependant il n'appartient point à ce règne ; mais il y a été porté par les alimens acides, tels que les végétaux ; ou bien il y a été produit par une fermentation aci-de de fubftances qui n'étoient point acides par elles-mêmes ; ou enfin il y a paffé du règne miné-ral, fur - tout au moyen du fel marin ; de même que c'eft de lui que vient l'acide qui fe forme dans l'urine.

XV. L'acide végétal eft de tous les acides celui qui fe diffi-pe le plus facilement à l'air ; & c'eft l'acide vitriolique qui y eft le plus fixe.

XVI. L'acide vitriolique, ou l'huile de vitriol attire l'humi-dité de l'air, & en devient plus pefante.

SECTION XII.

Des Sels neutres.

I. LEs sels neutres sont les sels formés par l'union d'un acide & d'un alcali, & qui conséquemment font une troisiéme espèce de sels. Suivant cette définition, il faudroit placer le nitre & le sel marin au rang des sels neutres ; mais on n'entend par-là que les sels produits par Art. On les appelle en Latin, *salia enixa, salia amarantia, salia media, salia medicata.*

II. L'*arcanum duplicatum* ou *sel de duobus* est un sel neutre dont le premier Inventeur faisoit un secret ; c'est le sel qu'on obtient en lavant le résidu de la distillation de l'eau - forte ; par

conféquent il eſt formé par l'u-
nion de l'acide vitriolique & de
l'alcali du nitre. L'acide de l'a-
lun & l'acide répandu dans l'air
ſont les mêmes que l'acide vitriolique ; d'où l'on voit qu'il y
a pluſieurs maniéres de faire l'*arcanum duplicatum*. 1°. Avec le
réſidu de l'eau - forte. 2°. Avec
l'huile de vitriol & un alcali.
3°. Avec le ſel marin & l'huile
de vitriol. 4°. Avec de l'alcali
expoſé à la fumée du ſoufre. 5°.
Avec l'alcali & l'eſprit de ſoufre
tiré par la cloche. 6°. Avec de l'alcali & du vitriol, 7°. Avec de l'alcali & de l'alun, 8°. Avec de l'alcali expoſé à l'air. En un mot,
pour faire l'*arcanum duplicatum*, il
faut toujours de l'alcali du nitre ou
de l'alcali végétal & de l'acide vitriolique.

III. Le tartre vitriolé n'eſt

donc réellement qu'un *arcanum duplicatum*; mais on ne lui donne le nom qu'il porte que quand on l'a fait avec du sel de tartre qu'on a saturé d'acide vitriolique.

IV. Le sel de Glauber est un sel neutre formé, comme les précédens, par l'acide vitriolique; mais il a toujours l'alcali du sel marin pour base; il n'y a pas tant de voyes différentes pour l'unir avec l'acide vitriolique que pour faire l'*arcanum duplicatum*; il faut que l'opération soit telle que l'acide du sel marin, chassé tout d'un coup, fasse place à l'acide vitriolique, ce qui ne peut réussir sans le secours du feu. On peut l'obtenir, 1°. avec du sel marin & de l'huile de vitriol; c'étoit la méthode qu'employoit Glauber, 2°. avec du sel marin

& du vitriol, 3°. avec du fel marin & de l'alun, 4°. avec le fel marin & l'acide du foufre.

V. Les fels neutres des eaux minérales, tels que celui d'Ebsham ou Epfom, ainfi que celui d'Egra, de Pyrmont, &c. font des fels de Glauber, & ont pareillement le fel marin pour bafe ; c'eft pourquoi on en trouve auffi dans les fontaines & fources d'eau falée ; cela eft plus vraifemblable que de penfer que c'eft le fel de la chaux.

VI. Le *fel digeftif de Sylvius* dont il a été parlé *fection V.* §. 17. eft encore un fel qui a le fel marin pour bafe, puifqu'il fe fait de ce qui refte de la fublimation du fel ammoniac avec la potaffe, quand le fel volatil s'eft élevé ; d'où l'on voit qu'il eft formé par l'union de l'acide

du

du sel marin & de l'alcali qui étoit dans le sel ammoniac. On l'appelle *digestif*, parce qu'il est propre à amollir & diviser les humeurs épaissies dans le corps humain ; les autres sels neutres ont tous la même propriété.

VII. La *terre foliée du tartre* est un sel neutre fait par le moyen du vinaigre concentré & du sel de tartre.

VIII. Le *tartre tartarisé* est un sel alcali de tartre combiné avec du tartre purifié jusqu'à saturation.

IX. Le *sal sulphuratum*, autrement dit *sel Polychreste d'Angleterre*, est celui qu'on obtient en faisant fondre une once de nitre dans un creuset où l'on jette peu à peu environ une demi-once de soufre pulvérisé ; d'où l'on voit qu'il est formé par l'alcali du

II. Partie. E

nitre, & par l'acide du soufre qui chasse une partie de l'acide nitreux. Les Anglois prennent parties égales de nitre & de soufre; ce qui montre aisément la différence qu'il y a entre leur *nitre soufré* & le sel que nous venons de décrire.

X. Le *nitre alcalisé* ou *nitre fixé* qui est d'un autre ordre, est celui qu'on obtient en faisant fondre du nitre dans un creuset & y jettant de la poussiere de charbon peu à peu jusqu'à ce qu'il ne se fasse plus de détonnation; par-là l'acide du nitre se dissipe, & il n'en reste plus que l'alcali.

XI. Le *nitre régénéré* s'obtient en versant sur le nitre fixé, ou sur un alcali végétal, une suffisante quantité d'eau-forte, & en faisant ensuite crystalliser.

CHAPITRE II.

SECTION I.

De la décomposition & purification des Sels.

I. ON sépare par la distillation un sel simple, tel qu'est un acide, des substances avec lesquelles il est uni. Cet acide est toujours dans un état de combinaison dans le règne minéral, ou sous la forme d'un sel, ou sous celle d'une résine : on en a des exemples dans le plus puissant des acides, qui se trouve dans le vitriol & dans le soufre.

II. Ou on l'obtient par la sublimation, comme il est démontré par l'acide du succin, & par

E ij

le sel alcali volatil des animaux : quoiqu'on puisse dire aussi de ce dernier sel qu'il a passé par la distillation, quand il vient sous une forme liquide.

III. Ou enfin on obtient ce sel simple par la solution, la filtration & l'évaporation, comme dans l'alcali fixe.

IV. L'acide du soufre ne se dégage pas par lui-même du mixte du soufre, il faut le concours de l'air ; ce concours est requis pour qu'il s'enflamme, (inflammation qui est absolument nécessaire pour que l'acide se sépare de son phlogistique) ; d'ailleurs c'est l'air qui contribue à le diviser & à le mettre sous la forme d'une liqueur, s'il ne lui donne pas son essence.

V. Dans le sel métallique mixte, c'est-à-dire, le vitriol, &c.

acide se dégage *per se* , sans le secours de l'air, par la seule action du feu.

VI. Quand on veut concentrer l'acide vitriolique, autant qu'il est possible , il faut, 1°. le *déflegmer* ; c'est-à-dire , lui enlever à un feu modéré la partie aqueuse superflue, 2°. le *rectifier* , c'est-à-dire , distiller l'acide concentré qui est resté , à un feu violent ; & par-là le dégager des parties terrestres les plus grossiéres , & le rendre plus subtil.

VII. L'acide du nitre ne se dégage point de lui - même ; il faut pour cet effet , 1°. qu'il soit enflammé au moyen d'un phlogistique ; mais comme cette opération ne s'exécute que dans des vaisseaux découverts , alors on ne peut le retenir. 2°. Il faut employer l'acide vitriolique, qui

E iij

eſt plus puiſſant que lui. 3°. Il
faut empêcher que le nitre ne s'a-
maſſe, & ne ſe pelotonne en
fondant, ce qu'on peut faire au
moyen d'une terre bolaire, quoique le feu la rende elle-même un
peu vitriolique, & mette l'acide
vitriolique en action.

VIII. La concentration, purification de l'eſprit de nitre & de
l'eſprit de ſel marin ſe fait auſſi
par la déflegmation & la diſtillation. La déflegmation s'en fait
à un feu doux; on peut même y
procéder par la ſimple évaporation, dans un vaiſſeau découvert;
lorſqu'une vapeur jaune commence à monter, c'eſt la marque que
le flegme eſt parti, & que l'acide concentré commence à venir.
On ſe ſert pour cette opération
d'une cucurbite baſſe, quoique
ces acides n'ayent point autant de

peine à s'élever que l'acide vitriolique.

IX. L'acide du sel marin a
auſſi beſoin d'être dégagé par l'a-
cide vitriolique, ou par celui du
nitre ; & il faut pareillement lui
joindre de la terre bolaire, pour
l'empêcher de ce grumeler en fondant.

X. On a l'acide végétal, ou
par lui-même, 1°. dans les plantes acides ; telles que l'oſeille,
&c. 2°. Dans les fruits verds,
comme les pommes, les prunes,
&c. 3°. Dans des fruits mûrs ;
tels que les citrons, &c. Ou par
la fermentation, comme dans le
vin, le vinaigre, le tartre.

XI. L'acide ſe tire des fruits
qui en contiennent, par la ſimple
expreſſion ; & l'on peut defleg-
mer & concentrer au bain-marie
le ſuc qui en a été exprimé.

XII. L'acide du vin reste en arriére, quand on en a tiré l'esprit & le flegme par la distillation.

XIII. Pour déflegmer le vinaigre, on peut d'abord le faire geler; alors on regardera la partie qui s'est changée en glace, comme le flegme; on la rejettera, & l'on distillera au bain-marie le vinaigre qui ne s'est point gelé.

XIV. L'acide du soufre, ou du vitriol, ne peut point en être séparé, comme un acide l'est d'un alcali; il ne s'en dégage qu'en s'unissant avec une matiére inflammable, & en formant du soufre avec elle.

XV. On obtient l'alcali fixe des végétaux, par *l'incinération*; c'est-à-dire, en les réduisant en cendres.

XVI. On le tire des eaux minérales par l'évaporation.

XVII. Le ſel neutre, ainſi que la terre calcaire qui eſt dans ces mêmes eaux, demande un feu doux, & continué pendant long-tems, pour en être ſéparé.

XVIII. Pour avoir un alcali fixe pur, il faut que la cendre de bois n'ait pas été long-tems expoſée à l'air, ſur-tout quand il eſt humide ; parce qu'elle en auroit attiré quelque choſe d'étranger.

XIX. Il ne faut pas même ſe fier à la potaſſe la mieux choiſie, à cauſe de l'acide qu'elle a pû tirer de l'air ; il eſt à propos d'en faire une évaporation lente, pour la dégager du tartre vitriolé qui a pû s'y former.

XX. Les ſubſtances végétales ſe changent en charbon dans

les vaiſſeaux fermés ; mais elles ne s'y réduiſent point en cendres, ni en ſel alcali ; il faut pour cela les brûler dans des vaiſſeaux découverts, ou à feu nud, & les purifier de l'huile empyreumatique, qui peut y être jointe ; mais le tartre s'alcaliſe même dans les vaiſſeaux fermés , quoiqu'il paroiſſe comme un charbon ; cependant, pour avoir ſon alcali pur, il faut le faire brûler & rougir dans un creuſet découvert.

XXI. Pour conſerver de l'alcali fixe , il faut non-ſeulement le mettre dans des vaiſſeaux bien bouchés ; mais encore le placer dans un endroit ſec & chaud.

XXII. Les ſels compoſés naturels , ſont ſouvent mêlés les uns avec les autres ; c'eſt ainſi que le vitriol ſe trouve joint avec de l'alun ; le nitre avec le ſel marin, &c. Il faut donc pour être sûr de leurs effets les séparer avec foin les uns des autres.

XXIII. Il y a souvent quelque chofe de terreux attaché à ces fels, comme du gypfe, de la félénite, &c. on peut l'en féparer par la filtration.

XXIV. Pour purifier le tartre, il faut le réduire en une poudre très-fine & le diffoudre dans une grande quantité d'eau bouillante, fi l'on veut avoir des criftaux ou de la crême de tartre; parce que le tartre eft terreux, & par conféquent difficile à diffoudre.

XXV. Le vitriol eft difficile à féparer de l'alun, lorfqu'il eft en petite quantité; alors il fe change en une liqueur épaiffe; cependant on en vient à bout par une longue évaporation; mais on peut les féparer fans feu, par le moyen de l'urine.

XXVI. Le fel marin & le fel de Glauber ne fe féparent pas aifément, parce qu'ils ont beaucoup d'analogie.

XXVII. Il en eft de même du fel marin & de l'alcali des eaux minérales acidules, comme on peut s'en convaincre par le fel digeftif de Sylvius.

XXVIII. L'alun & le nitre fe féparent aifément, parce qu'ils n'ont rien de commun ni du côté de l'acide, ni du côté de la terre.

XXIX. Le meilleur & même le feul moyen de féparer des fels dont l'union eft difficile à rompre, & dont la quantité eft petite ; c'eft l'évaporation qui fe fait fans feu, par la feule action de l'air ; mais elle exige un temps

& une patience qu'on peut appeller vraiment *philosophique.*

XXX. On purifie le sel ammoniac des matiéres qui peuvent s'y être attachées, soit en le dissolvant dans l'eau, puis le filtrant & l'évaporant ; soit en le faisant sublimer, ou par le feu.

XXXI. Voici un essai pour la séparation des sels : prenez parties égales de vitriol de Mars, d'alun, de nitre, & de sel marin ; faites-les dissoudre dans de l'eau commune ; mettez la dissolution à évaporer ; ces sels cristalliseront l'un après l'autre.

SECTION II.

De l'édulcoration des Acides.

I. LA plus aisée de toutes les édulcorations est celle de l'acide nitreux. Prenez d'esprit de nitre le plus concentré une partie, d'esprit-de-vin le mieux rectifié quatre parties; distillez ce mêlange au bain de sable, en vous servant d'une cucurbite basse ; & vous obtiendrez l'esprit de nitre dulcifié : c'est un très-grand remede.

II. Quand on traite l'esprit de sel de la même maniére, il prend quelque propriété de l'esprit-de-vin, mais il n'en est pas édulcoré

III. Le même effet réussit aussi difficilement avec l'acide vitriolique ; on peut cependant suivre la méthode indiquée dans l'*aurea catena Homeri*, où l'on recommande pour cela l'usage de l'acide du vin.

IV. L'on peut placer ici la dulcification du mercure sublimé corrosif, qui se fait en le triturant avec du mercure vif & les mettant ensemble à sublimer : par ce procédé, le sublimé, qui auparavant étoit corrosif, perd entiérement son goût acide & prend le nom de mercure doux.

V. Les procédés qu'on employe à dessein d'édulcorer l'acide vitriolique, au moyen de l'alcali de la chaux ou de la craye, ne signifient rien, & ne doivent point trouver place ici ; cet acide ne perd point ainsi son acidité ; elle n'est qu'enveloppée ; d'ailleurs on lui ôte sa fluidité & on le rend amer, au lieu de le rendre doux.

SECTION III.

De la volatilisation des Acides.

I. TOus les acides paſſent par le chapiteau, à la diſtillation ; par conſéquent ils ne ſont point fixes; & quand même ils ſeroient unis avec un alcali fixe, comme dans le ſel de *duobus*, ou avec une terre graſſe, comme dans le ſoufre, on les en dégage & on les fait paſſer à la diſtillation ; j'en prends pour exemple le ſel de *duobus*, lorſqu'on fait du ſoufre avec ſon acide vitriolique & qu'on enflamme le ſoufre par le contact de l'air.

II. On ne s'en tient point encore là ; on joint quelque choſe à l'acide qui le rend plus volatil & lui donne des aîles ; c'eſt de cette maniére qu'on obtient l'acide ſulphureux volatil : ou, l'on combine l'acide avec quelque ſubſtance qui le rende plus actif qu'il n'étoit auparavant ; c'eſt ce qu'on exécute pour obtenir l'eſprit de nitre fumant & le vinaigre radical.

III. pour faire de l'eſprit vitriolique ſulphureux ou volatil, prenez du vitriol calciné à blancheur, à volonté ; joignez-y un peu de phlogiſtique végétal, tel que de l'huile de lin ; & vous obtiendrez un eſprit vitriolique qui aura une odeur de ſoufre très-forte & capable de ſuffoquer.

IV. Pour faire l'eſprit de nitre fumant, prenez une partie de ſel ou de vitriol de lune, ou de mercure, ou d'étain, ou de zinc qui ait été fait par l'eau-forte ;

joignez-y trois parties de fable;
mêlez & triturez bien ce mêlange ; faites-en la diftillation foit
dans une cornue , foit dans une
cucurbite baffe , à laquelle vous
adapterez un grand récipient dans
lequel vous aurez eu foin de
mettre quelques cuillerées d'eau
de fontaine ; & donnez un feu
de longue durée que vous for-
tifierez peu à peu. Vous commen-
cerez par mettre de l'eau dans
le récipient, afin que l'acide qui
paffera fous la forme d'une vapeur jaune & qui fe condenfera
difficilement, voltigeant dans le
ballon & cherchant à fe faire
jour au travers des jointures des
vaiffeaux , trouve quelque chofe
à quoi il puiffe s'attacher. Enfuite,
par une déphlegmation douce ,
vous enleverez cette eau qui a
pu affoiblir l'acide.

V. Pour faire le vinaigre radical, prenez du *crocus Veneris* ou verd de gris, ou du sucre de Saturne qui tous les deux ont été préparés avec du vinaigre distillé, & mettez-les en distillation.

VI. Les acides *fumans*, ainsi nommés à cause des vapeurs ou fumées qu'ils répandent, peuvent aussi être appellés *acides régénérés* ou *acides aiguisés* ; par exemple, l'acide du nitre est régénéré du sel métallique dans lequel il étoit comme amorti ; cette opération le rend beaucoup plus puissant qu'il n'étoit auparavant.

VII. Prenez du vitriol tiré de la mine de bismuth, une demi-drachme ; de sable, une drachme ; faites-les distiller au bain de sable, en mettant de l'eau dans le récipient ; il ne s'éléve point de vapeurs sensibles ; mais ce qui passe a l'odeur de l'acide sulphureux volatil. La partie sulphureuse peut venir du phlogistique du métal, de même que le phlogistique végétal rend aussi sulphureux l'esprit de vitriol de Mars ou de Vénus.

SECTION IV.

De la volatilisation de l'Acali fixe.

I. L'Alcali fixe se trouve, ou dans le règne minéral, ou dans le règne végétal.

II. Dans le règne animal, il ne se trouve que très-peu d'alcali fixe ; il y est déja devenu volatil ; il y a été porté soit du règne minéral par le sel marin, soit du règne végétal par les plantes & les fruits.

III. Dans le règne minéral c'est·le sel marin qui contient le plus d'alcali ; l'urine en se putréfiant , nous donne un exemple frappant de sa volatilisation.

IV. On voit que le règne végétal en fournit par la suie , la lie de vin , &c. il est vrai que pour la suie , l'air y contribue matériellement (*materialiter*) ; mais quel est l'être dans lequel il n'entre point ? & si nous voulions éloigner l'air de la formation de l'alcali, l'urine ne pourroit entrer en putréfaction ; & le bois ne pourroit ni brûler ni se réduire en cendres ; & par conséquent le bois ne donneroit point sa potasse ; l'urine son sel volatil. Il est donc assez évident que l'alcali volatil végétal s'est formé dans la cheminée , & que l'alcali minéral se trouve abondamment dans l'urine. Mais on fera peut-être la queſtion ſuivante.

V. On demandera s'il eſt poſſible de volatiliſer un ſel alcali fixe, qui a été parfaitement purifié, tel que la potaſſe, ou le ſel de tartre : l'expérience prouve que cela ne ſe peut point ; & aucun de ceux qui ont prétendu trouver un ſel volatil des plantes, n'a pû juſtifier ſon ſentiment par l'expérience.

VI. Sur ce que l'expérience m'a appris, je trouve que c'eſt la méthode de Langelotte qui eſt la meilleure ; cependant il ne ſe ſervoit point d'un alcali pur ; mais il ajoutoit à la potaſſe du tartre réduit en charbon. Pour faire ce procédé, on n'a qu'à prendre parties égales de tartre crud, & d'alcali, les mêler & les triturer exactement, les mettre dans un matras, les humecter avec un peu d'eau, en faire la diſtillation; & l'on aura par ce moyen une eau volatile. Mais le ſel volatil n'y eſt qu'en très-petite quantité; & d'ailleurs, qui ne voit pas qu'il ne faut pas le chercher dans l'alcali fixe des plantes, lorſqu'il eſt tout formé? Qui eſt-ce qui ne voit pas qu'il s'eſt déja diſſipé dans l'incinération & la putréfaction?

VII. Je ne puis pas me diſpenſer de parler ici d'une obſervation que j'ai eu occaſion de faire ſur la putréfaction, en faiſant l'examen du *Kali geniculatum*. Après avoir fait une décoction épaiſſe de cette plante, dans de l'eau; il en partit non-ſeulement une odeur ſemblable à celle des excrémens humains, mais encore il s'y étoit formé des vers. Ces deux phénomènes prouvent aſſez une putréfaction & par conféquent une volatilifation. Or comme les fubftances végétales ne font point par elles - mêmes fujettes à ces phénomènes, il y a lieu de conclure que le fel marin qui eft abondamment contenu dans le Kali a été la caufe de la putréfaction & de la volatilifation que j'y ai obfervées.

CHAPITRE

CHAPITRE III.

Des Eaux salées.

SECTION I.

Des Eaux salées en général.

I. LEs eaux qui sortent du sein de la terre entraînent différens sels avec elles; soit qu'elles passent au travers des fentes; soit qu'elles filtrent au travers des couches de terres qui contiennent de ces sels.

II. Il est rare que ces eaux n'entraînent qu'une seule espèce de sel, car les sources qui contiennent en plus grande quantité les sels les plus purs, ont ce-

II. Partie. F

pendant toujours quelque chofe d'étranger, tel qu'un fel vitriolique qui reffemble au fel de Glauber, quoiqu'en petite quantité.

III. Les eaux les plus pures font les eaux vitrioliques qui fe trouvent dans les fouterrains des mines, lorfqu'on en fait l'ouverture; elles ne contiennent pour l'ordinaire que du vitriol.

IV. Les Sels qui fe trouvent de cette façon font 1°. du vitriol foit martial, foit cuivreux, foit mixte: 2°. de l'alun; ce qui eft rare: 3°. du nitre; ce qui n'eft pas commun, à moins qu'on n'entende par nitre le *nitrum* des Anciens, qui eft un alcali, ou, comme quelques-uns l'appellent, un fel calcaire vitriolé (*fal calcareum vitriolatum* :) 4°. du fel marin, 5°. un fel neutre amer ou alcali vitriolé, 6°. un sel alcali fixe pur, 7°. un peu d'alcali volatil; sans parler de la terre calcaire, du soufre, du bitume, &c.

V. On ne connoît point d'eau qui contienne un acide pur.

VI. Lorsqu'on trouve deux ou plusieurs de ces sels à la fois, c'est ordinairement du vitriol & de l'alun; du vitriol, un sel alcali, & du sel alcali vitriolé; ou même du vitriol, de l'alcali, de l'alcali vitriolé & du sel marin: avec ce dernier il y a quelquefois aussi un peu de sel alcali volatil, mais rarement du nitre.

VII. On peut faire sur le champ l'examen de quelques-unes de ces eaux, par le moyen de la précipitation, quand elles ne contiennent point un trop grand nombre de substances différentes,

& quand on n'en veut connoître que quelques propriétés. Les eaux vitrioliques, par exemple, peuvent être examinées par un alcali ; on les reconnoît à une terre métallique jaune ; & celles qui font alumineuſes , à une terre blanche qui ſe précipite.

VIII. Mais l'évaporation eſt l'opération eſſentielle pour s'aſſurer du caractere du ſel que chaque eau contient ; c'eſt ainſi qu'on découvre la préſence du vitriol, par ſon goût & ſa couleur ; de l'alun, par ſa terre blanche ; du nitre, par ſon goût & par la propriété qu'il a de s'enflammer ; du ſel marin, par ſa figure cubique & ſa propriété de décrépiter dans le feu ; de l'alcali, par ſon efferveſcence avec les acides , &c.

Section II.

Des Eaux acidules & thermales.

I. IL y a quatre moyens d'examiner la nature & le contenu d'une eau minérale ; c'est 1°. par la balance hydroſtatique ; 2°. par la précipitation ; 3°. par l'évaporation ; 4°. par la diſtillation. Mais il faut, avant que de recourir à ces moyens, l'avoir d'abord ſoumiſe à l'examen des ſens & ſur-tout à celui du goût & de l'odorat ; cependant avec quelle confiance peut-on en juger, lorſqu'il y a pluſieurs ſubſtances, comme il arrive ordinairement ?

II. Par le moyen de la balance hydroſtatique, on connoîtra la peſanteur ſpécifique d'une eau, ou ce qu'elle contient de parties

terreftres , fulphureufes, bitumineufes , falines & métalliques ;
mais on n'en aura que le poids
total , & encore ne l'aura - ton
que relativement ; de forte qu'on
ne pourra pas dire à quel point
une eau eft chargée de plus ou
de moins de particules terreftres
& falines qu'une autre. La balance hydroftatique n'inftruit ni
fur la nature ni fur le nombre
des matiéres qui font contenues
dans une eau , ni fur le poids de
chaque matiére en particulier ;
d'où l'on voit qu'on ne peut gue-
re compter fur cet inftrument.

III. La précipitation eft capable de développer quelque
qualité fondamentale : par l'addition d'un acide , on reconnoît la
préfence d'un alcali ; celle du
vitriol , quand , en employant
l'alcali , il fe fait de l'ochre ;

celle de l'alun , lorfque par le moyen d'un alcali , on voit paroître une terre blanche. Mais dans cet examen on ne peut encore agir avec beaucoup d'exactitude , fur-tout fi la matiére contenue eft en petite quantité & s'il y en a de plufieurs efpèces différentes.

I V. L'évaporation doit être regardée comme le moyen le plus sûr ; par elle on découvre à part non-feulement chaque fubftance contenue dans les eaux fous une forme fenfible & palpable ; mais encore on eft en état de les pefer & d'en faire l'examen féparément. Mais cette voie eft la plus pénible, la plus couteufe, & celle qui exige le plus d'art , furtout quand il eft queftion d'opérer fur un grand nombre de fubftances différentes qui ne fe trou-

vent qu'en petite quantité , &
lorsqu'il faut opérer sur un grand
volume d'eau & employer un
long temps pour en faire l'examen , travail que peu de personnes auront le courage d'entre-
prendre.

V. L'évaporation doit être précédée , & suivie de la distillation
par laquelle on obtient le soufre
& le sel alcali volatil qui peut
se trouver dans les eaux : il faut
donc commencer par distiller doucement l'eau elle-même , & pous-
ser ensuite le résidu à un feu plus
violent , pour voir s'il contient
quelque chose de volatil.

VI. Nous prendrons pour exemple de l'analyse d'une eau celle d'Egra ; quoique la bouteille
de cette eau sur laquelle j'en ai
fait l'essai , me fût un peu sus-
pecte.

VII. Une demi-livre de cette eau évaporée dans un vaisseau de verre ne donna point du tout d'ochre, quoiqu'il paroisse d'ordinaire dès le commencement de l'évaporation ; mais on trouva quarante-six grains d'un sédiment blanc.

VIII. Ce sédiment étoit d'un goût amer, mais alcalin ou caustique, & fit effervescence avec un acide.

IX. Ce sédiment dissous dans de l'eau de puits déposa sur le filtre une terre blanchâtre.

X. En faisant évaporer très-doucement ce qui avoit été filtré, il se crystallisa un sel amer.

XI. Il resta une liqueur alcaline.

XII. On voit par-là que cette eau contient ; 1°. une terre calcaire ; 2°. un sel amer, sem-

blable au fel de Glauber, qui
eft compofé d'acide vitriolique,
de l'alcali du fel marin, ou
comme le prétendent d'autres,
d'une terre calcaire ; 3°. d'un fel
alcali.

XIII. Le réfidu de cette analyfe mis dans une cornue de verre, qu'on fit rougir obfcurément
au bain de fable, ne donna ni
foufre, ni fel volatil, ni empy-
reume, ni acide, quoiqu'il y en
ait ; mais il eft trop fortement uni
avec l'alcali.

❀❀❀❀❀❀❀❀❀❀❀❀❀❀❀❀❀❀❀❀❀❀

LIVRE TROISIEME.

Des Métaux.

CHAPITRE PREMIER.

De l'Or.

SECTION I.

De la purification de l'Or.

I. ON se propose, quand on purifie l'or, soit de le dégager seulement des métaux imparfaits, soit de le dégager en même-tems de l'argent.

II. Pour le dégager des métaux imparfaits, il faut, 1°. avoir recours au plomb, & le traiter à la coupelle, ou par la scorification ; 2°. par la cémentation ; 3°. par la quartation ; 4°. par la fuſion avec l'antimoine ; 5°. par la détonnation avec le nitre.

III. Lorſqu'il s'y trouve de l'argent, qui ne peut être emporté, ni à la coupelle, ni par la détonnation avec le nitre ; il faut avoir recours à la quartation, ou le fondre avec l'antimoine.

IV. La coupelle ne ſe fait qu'au moyen du plomb, & en traitant l'argent ſeulement ; il eſt difficile de retirer par cette voie un grain ou bouton bien pur, s'il eſt trop conſidérable, & s'il excéde le poids d'une demi-once.

V. La cémentation emporte auſſi l'argent, mais jamais parfaitement. Prenez de briques pulvériſées deux parties ; de nitre, de vitriol calciné à blancheur, & de ſel marin, de chacun une part

tie; de fel ammoniac $\frac{1}{2}$. partie;
mêlez toutes ces fubftances,
après les avoir réduites en poudre; mettez-en plufieurs couches
dans un vaiffeau de terre, qu'on
nomme *Boîte à cémentation*, que
vous couvrirez; faites du feu tout
autour, & par-deffus, pendant
deux heures ou plus, afin que le
tout rougiffe parfaitement; de
cette maniére l'or fera purifié.

VI. La quartation a lieu,
lorfque l'or contient moins de
troisp arties d'argent; dans ce
cas on y joint affez d'argent,
pour qu'il y ait trois parties d'argent contre une d'or, afin que
l'eau-forte agiffe fuffifamment
fur l'argent. S'il y a plus d'argent on n'obtiendra point l'or
en maffes d'une certaine gran-
deur, mais il fera en poudre; alors
l'opération n'en fera que plus

exacte. Vous réduirez cet or, allié avec de l'argent, en petites lames que vous découperez ; vous en ferez de petits cornets roulés, afin qu'elles ne se mettent point en masses ; vous jetterez ces rouleaux dans un matras ; vous verserez dessus de l'eau-forte précipitée ; vous ferez chauffer le tout ; quand l'eau-forte n'agira plus, vous décanterez ; vous remettrez de nouvelle eau - forte ; vous réitérerez la même chose jusqu'à trois fois ; à la derniére fois, vous donnerez un feu assez fort pour faire bouillir la dissolution, afin que tout l'argent acheve d'être emporté ; quand tout aura été décanté, vous édulcorerez l'argent dissout, qui est sous la forme d'une poudre noire, en y versant à deux reprises de l'eau de fontaine ou de l'eau de pluie bien pure, ou en la faisant boüillir ; enfin, vous ferez rougir cette poudre dans une moufle couverte, & l'opération sera finie.

VII. La fusion par l'antimoine, est la maniére la plus difficile, mais la plus sûre de purifier l'or ; pour cela il faut prendre une partie d'or allié, soit avec du cuivre, soit avec de l'argent, soit avec tout autre métal ; trois parties d'antimoine bien choisi, & à grandes aiguilles ; faire rougir fortement l'or dans un creuset, & y jetter l'antimoine pulvérisé grossiérement ; le tout entrera en fusion, à un feu modéré ; remuez un peu avec une baguette de bois, & versez le mélange fondu dans un cône ; laissez-le refroidir ; séparez avec précaution les scories du régule ; prenez ce régule ; joignez-y deux parties d'antimoine ; traitez-le de la même façon qui vient d'être décrite, & vous aurez un nouveau régule plus pur que le premier. Prenez ce régule; faites-le fondre de nouveau avec parties égales d'antimoine, & opérez comme on a dit. Quant aux fcories qui contiennent toujours quelque chofe, mettez-les avec du plomb fur la coupelle, & vous en obtiendrez l'or. Placez le régule fur un plateau de terre; que vous mettrez dans un fourneau à vent, & donnez un feu de fufion qui ne foit pas trop fort d'abord. Quand le tout fera en fufion, foufflez deffus avec un foufflet, afin que l'antimoine fe fépare de l'or & s'en aille en fumée; à mefure que vous avancerez dans ce procédé, il faudra augmenter le degré du feu. Enfin, vous donnerez le dernier degré de feu ; parce que fur la fin l'or a plus de peine à refter en fufion ; quand il ne paroîtra plus de fumée, & que l'or fera devenu uni comme une glace, l'opération fera finie. Il faudra prendre garde que fur la fin de l'opération il ne tombe point de charbon deffus l'or, de peur de le falir de nouveau. Si l'or, avant que de fe figer, eft d'un beau verd ; & fi, après qu'il eft refroidi, il eft d'un beau jaune, & prefque auffi fléxible que du plomb ; ce feront-là les derniéres marques auxquelles on reconnoîtra que l'opération a été bien faite.

VIII. La purification de l'or par le nitre furpaffe de beaucoup celle de la coupelle ; mais elle devient couteufe ; parce que dans la détonnation, l'or eft fujet à fautiller & à fe répandre, fur-tout

fi le nitre n'a pas été fuffifam-
ment féché, ce qui fouvent oc-
cafionne de la perte. Voici la maniére de faire cette opération.
Prenez de l'or allié avec des métaux imparfaits ; faites le fondre
fans qu'il y tombe du charbon,
parce qu'il affoibliroit l'action du
nitre ; joignez-y pour lors autant
de nitre bien fec & bien pur
qu'il en faudra pour détruire le
métal imparfait ; prenez-en plutôt plus que moins ; ajoutez-le
lorfque l'or fera entré parfaitement en fufion ; & afin qu'il ne
s'en perde point , n'en mettez
point trop à la fois. Enfin verfez
la matiére fondue ; féparez-en les
fcories ; reitérez la même opération deux ou trois fois , fuivant
qu'il en fera néceffaire : fi, par exemple, l'or avoit été allié avec
beaucoup de cuivre , vous feriez

cette opération jufquà ce que les fcories ne fuffent plus vertes, mais blanches & tranfparentes ; ce fera une marque que l'or fera parfaitement purifié.

IX. L'or, fur-tout quand il eft allié, devient aigre & caffant par la vapeur des charbons, & il eft difficile de lui rendre fa ductilité, même par les fufions réitérées avec les fondans ordinaires. Mais pour le reftituer dans fon premier état, il n'y aura qu'à le faire entrer en fufion & y joindre du verre blanc pulvérifé & du favon de Venife ; on en pourra mettre de chacun deux dragmes, fur une demi-once d'or. Cette purification coute ordinairement beaucoup de peine & de travail aux Orfévres. Si après cette opération l'or demeuroit encore aigre, ce feroit une marque que le verre blanc contiendroit de l'arſenic, ce que l'on reconnoîtroit à des taches blanches; ou que le régule d'antimoine n'auroit pas été ſuffiſamment chaſſé par le vent du ſoufflet.

SECTION II.

De la diſſolution de l'Or.

I. L'Or peut être diſſout de trois maniéres : 1°, par l'eau régale ; 2°. par le ſoufre ; 3°. par le mercure. Il y a encore quelques autres diſſolutions prétendues ; telle eſt , par exemple ; celle de l'or en feuille, par une longue trituration avec de la ſalive ; mais par ce dernier moyen, l'or eſt plutôt réduit en une poudre deliée, & diviſé, que mis en diſſolution. J'ignore quelle peut être la prétendue diſſolution *radicale* & *irréductible* de l'or dont parlent les Alchymiſtes.

II. La premiére diſſolution de l'or ſe fait avec l'eau régale qui eſt le diſſolvant propre de ce roi des métaux : on peut la faire de pluſieurs façons.

1°. En prenant d'eau-forte quatre parties, & de ſel ammoniac une partie, ou autant que l'eau-forte peut en diſſoudre : on met ce mêlange dans un matras; on le chauffe doucement ; puis on le filtre ou on le décante, & on le conſerve pour l'uſage.

2°. On prend d'eau-forte deux parties & d'eſprit de ſel marin qui n'ait point été fait avec du ſel ammoniac une partie ; on mêle ces deux liqueurs à une chaleur modérée , & on en fait la diftillation dans une cucurbite peu élevée au bain de fable.

3°. Prenez d'eau forte quatre parties & de fel marin une partie, ou autant qu'il pourra s'y en diffoudre ; mettez le tout en digeftion à une chaleur modérée, & le filtrez enfuite.

4°. Prenez d'eau-forte deux parties ; & d'efprit de fel fait avec le fel ammoniac, deux parties, &c.

5°. Prenez de nitre deux parties, de fel marin & de vitriol calciné à blancheur de chacun une partie ; diftillez ce mélange dans une cornue de verre au bain de fable ; & , fi vous voulez , rectifiez ou remettez en diftillation la liqueur que vous aurez obtenue.

III. On n'a qu'à prendre de l'or ou battu en feuilles minces ou en limaille, le mettre dans une des eaux régales préparées de la maniére qui vient d'être décrite ; tenir le tout au bain de fable ou fur le feu jufqu'à ce que l'or foit diffout, & quand le diffolvant n'agira plus, décanter & remettre de nouvelle eau régale fur l'or.

IV. C'eft l'acide nitreux qui fait la bafe de l'eau régale ; mais il exige abfolument le fecours de l'acide du fel marin, fans quoi il n'agit aucunement fur l'or. Une raifon qu'on pourroit donner de ce phénomène, ce feroit que l'acide nitreux eft rendu plus fubtil & plus pénétrant par l'acide du fel marin, & par conféquent plus propre à s'infinuer dans l'or qui eft d'un tiffu bien plus compact que l'argent.

V. L'acide du fel marin n'eft

pas en état d'agir fur l'or fans l'acide nitreux ; & ceux qui prétendent avoir un acide nitreux ou un acide du fel marin qui diffolve l'or, fe font illufion, foit parce qu'ils n'ont pas eux-mêmes préparé leur diffolvant , foit parce qu'ils ne fe font point fervi pour cela d'un fel marin ou d'un nitre bien purs, ou ils veulent en impofer à d'autres.

VI. La différence qui fe trouve entre les eaux régales, confifte en ce qu'il y en a dans lefquelles on a fait entrer du fel alcali volatil ; & d'autres dans lefquelles on n'en a point fait entrer. En effet, il y a du fel alcali volatil dans le fel ammoniac qu'on ne fait entrer dans l'eau régale qu'à caufe de fon fel marin ; & l'alun dont on fe fert quelquefois pour préparer de de l'eau-forte pour les Teinturiers, est ordinairement fait avec de l'urine ; on peut donc la soupçonner de contenir un sel alcali volatil, & se convaincre par le sel ammoniac qu'on en tire, de la présence du sel marin qui a dû s'attacher à l'alun qu'on a fait avec de l'urine. Quand on veut faire avec la dissolution d'or la chaux d'or qu'on nomme l'*or fulminant*, il faut ou qu'il y ait un sel alcali volatil dans ce qui sert à le précipiter ; ou que cet alcali volatil ait été avant la dissolution dans le dissolvant , & par conséquent que l'eau régale ait été faite avec le sel ammoniac.

VII. Pour que le soufre dissolve l'or, il faut qu'il soit uni avec une substance qui l'empêche de se dissiper avant que d'a-

II. Partie.   **G**

gir fur ce métal ; il n'y a rien de plus propre à produire cet effet qu'un alcali fixe avec lequel il forme ce qu'on appelle *foye de foufre* (hepar fulphuris) ; on fe fert alors de l'expreffion de *diffoudre ou ouvrir l'or par le moyen du foye de foufre* : cependant ce n'eft point l'alcali qui agit comme dif-folvant ; il ne fait que donner des entraves au foufre pour l'em-pêcher de fe diffiper. Faites rou-gir de l'or dans un creufet ; fur une partie de cet or, mettez de 13. à 16. parties d'*hepar fulphu-ris* ; faites fondre le tout au four-neau à vent ; ne l'y laiffez point trop long-temps, fans quoi le fou-fre s'enflammera & fe dégagera de l'or ; vuidez votre creufet , vous aurez une maffe d'un brun rouge, dans laquelle tout l'or fe-ra abforbé ; faites - la diffoudre

dans de l'eau ; filtrez la diſſolution ; il reſtera ſur le filtre une
chaux brune qui ne ſera pour la
plus grande partie que du ſoufre,
mais qui contiendra une portion
aſſez conſidérable d'or ; ce qui
aura paſſé par le filtre ſera une
vraie diſſolution d'or, ou de *l'or
potable*. Si on veut en retirer l'or,
il n'y aura qu'à y verſer du vinaigre juſqu'à ſaturation ; décanter la liqueur ; édulcorer, & enſuite faire rougir le précipité :
c'eſt ainſi que Moyſe put retrou-
ver le veau d'or qu'il avoit fait
boire aux enfans d'Iſraël. Cet exemple montre en paſſant ce que
l'appropriation peut opérer par la
combinaiſon de deux corps qui
n'ont aucune analogie l'un avec
l'autre. L'acide du ſoufre, l'acide vitriolique qui eſt la même
choſe, n'agiſſent point ſur l'or ;

mais quand cet acide eſt uni avec une terre graſſe, comme il l'eſt dans le ſoufre, alors il ſe trouve propre ·à l'attaquer. Mais le ſoufre a beſoin d'un moyen d'union (*medium uniendi*) qui eſt l'alcali. Il en eſt de même de l'acide du ſel marin qui ſeul n'agit point ſur l'argent pur ; mais quand ce métal eſt combiné avec l'arſenic, comme il l'eſt dans la mine d'argent rouge ; on a par ſon moyen une vraie diſſolution d'argent.

I X. Pour diſſoudre l'or par le mercure, ce qu'on nomme *amalgamer* ; il faut prendre une partie d'or battu ou en limaille, & quatre, cinq ou ſix parties de mercure, ou même plus, & triturer ce mélange dans un mortier de fer ou de verre juſqu'à ce qu'on ne ſente plus l'or &

que la masse soit très-divisée &
molle comme de la cire ou du
beurre. Il n'est que trop aisé d'en
retirer l'or soit par l'évaporation
dans les vaisseaux découverts ,
soit en enlevant le mercure par
la distillation dans une cornue de
verre.

SECTION III.

De la précipitation de l'Or.

I. Cette opération consiste à
faire reparoître sous la forme
d'une terre ou d'une chaux l'or
qui étoit comme absorbé dans
un menstrue ou dissolvant, tel
que l'eau régale, le mercure,
ou le soufre ; cela s'exécute au
moyen d'une substance qu'on y
met, & que l'on nomme le *pré-*
cipitant.

I I. On précipite l'or diſſout dans l'eau régale, 1°. par le moyen d'un alcali ſoit fixe ſoit volatil, parce que l'acide de l'eau régale a plus de diſpoſition à s'unir avec un alcali qu'avec un métal, ce qui fait qu'il laiſſe tomber ce dernier ſous la forme d'une terre ; 2°. par l'huile de vitriol. L'or de cette maniére ſe précipite ſous ſa forme métallique & nage à la ſurface comme de petites paillettes, parce que l'acide vitriolique en s'uniſſant avec l'acide de l'eau régale le rend incapable de tenir l'or en diſſolution ; 3°. par l'étain ; nous en parlerons dans la ſuite.

I I I. Pour précipiter l'or qui a été diſſout par le ſoufre ou par *l'hepar ſulphuris*, & dont une partie a paſſé avec l'eau au traver du filtre, on ſe ſert du vinaigre qui s'attache à l'alcali de *l'hepar* & le rend incapable de tenir le soufre & l'or en dissolution. Il est aisé de dégager l'or d'avec le soufre qui a été précipité avec lui en le faisant rougir au feu.

I V. Il n'est pas besoin de précipitant pour séparer l'or d'avec le mercure ; cette séparation se fait par l'évaporation ou par la distillation.

V. Quant à l'or fulminant, dans la dissolution & la précipitation duquel nous avons déja dit qu'il falloit qu'il entrât un alcali volatil ; nous remarquerons 1°. de ne point faire sécher cette poudre à trop grand feu, ni l'écraser trop rapidement, de peur qu'il ne se fasse d'explosion ; 2°. qu'en la mêlant avec parties égales de soufre & la faifant bruler fur des charbons, on lui enleve entiérement fa propriété de fulminer ; l'acide du foufre qui eft mis en action par le feu à l'air libre, s'uniffant au fel alcali volatil qui eft joint avec l'or, quoiqu'en très-petite quantité.

VI. La chaux d'or ou le précipité d'or pourpre, qu'on nomme auffi *purpura mineralis* ; qu'on obtient en précipitant l'or diffout dans l'eau régale par le moyen de l'étain, exige beaucoup de peine & d'attention pour être auffi beau qu'il le faut pour colorer du verre en rouge, & pour peindre fur la porcelaine. Afin que l'opération réuffiffe, il eft néceffaire de fe fervir d'un or bien purifié par l'antimoine & d'un étain bien pur, tel que celui d'Angleterre ou d'Ehrenfriderf-

dorf. Prenez 100. goûttes de diſſolution d'or & environ le dou-
ble de diſſolution d'étain faite
dans l'eau régale ; étendez la
diſſolution d'or dans 2. ou 3. livres d'eau de fontaine bien pure,
& remuez ce mêlange avec un
bâton de bois ; verſez-y enſuite
la diſſolution d'étain, & remuez
de nouveau ; l'eau deviendra rouge comme du ratafiat de ceriſe,
& peu à peu il ſe précipitera une
poudre d'un brun rouge ; décan-
tez la liqueur ; édulcorez le précipité ; faites-le ſécher & le con-
ſervez ſoigneuſement.

CHAPITRE II.

De l'Argent.

SECTION PREMIERE.

De la purification de l'Argent.

I. L A meilleure maniére de le féparer de l'or, c'eſt d'y employer l'eau-forte.

II. On le fépare des métaux imparfaits, 1°. par la coupelle, ou par le *teſt* ou grande coupelle. Dans ces opérations, le cuivre & les autres ſubſtances s'uniſſent avec le plomb & ſe perdent dans les cendres de la coupelle ſous la forme d'un verre très-ſubtil ; 2°. par le moyen du nitre. Prenez de l'argent allié avec du cui-

vre, du plomb, de l'étain, &c.
faites-le fondre dans un creuſet;
ſur une once de cet argent, mettez environ une demi-cuillerée
du nitre le plus pur & le plus
ſec, ou plutôt à proportion du
degré d'impureté de l'argent; couvrez le creuſet, & prenez garde qu'il n'y tombe du charbon ;
faites entrer la matiére en fuſion ;
vuidez le creuſet, & ſéparez les
ſcories du métal ; faites refondre
votre argent dans un nouveau
creuſet, comme on vient de le
dire ; & réitérez cette opération
encore une fois juſqu'à ce qu'il
ne ſe faſſe plus de détonnation ,
& que les ſcories deviennent
claires. On purifiera par cette voie
l'argent qui, au ſortir de la coupelle, a encore conſervé une portion de plomb ou de cuivre. La
maniére de s'aſſurer de la pure-

té de cet argent eſt de voir s'il ne colore l'eau-forte ni en bleu ni en verd, & s'il n'y dépoſe point une ſubſtance blanche & calcaire; car la premiére marque annonce la préſence du cuivre, & la derniére celle de l'étain ou de quelque autre ſubſtance métallique blanche. 3°. L'argent ſe purifie par le mercure, mais cette purification eſt la plus pénible. Pour la mettre en uſage, il faut amalgamer l'argent allié avec du cuivre, avec ſix parties de mercure, & bien triturer ce mélange; le cuivre ſe ſéparera ſous la forme d'une poudre noire que vous emporterez avec de l'eau, & vous recommencerez à triturer & à laver juſqu'à ce que l'eau ſorte auſſi claire que vous l'aurez miſe. Sur la fin de l'opération, lorſqu'il ne reſtera plus qu'un ſoupçon de cuivre, placez par intervalles votre amalgame sur du sable chaud, ce qui facilitera ce travail.

SECTION II.

De la dissolution de l'Argent.

I. Elle se fait 1°. par l'eau-forte; 2°. par l'esprit de sel marin; 3°. par le mercure; 4°. par le soufre.

II. L'eau-forte est le principal dissolvant de l'argent.

III. On a toujours regardé l'esprit de sel comme peu propre à opérer cette dissolution; je crois être le premier qui aie démontré le contraire, en faisant voir que l'esprit de sel se charge de l'argent contenu dans la mine d'argent rouge réduite en poudre; voyez mon Traité *de Appropriatione Chymica.*

IV. L'huile de vitriol détache aussi quelque chose de l'argent, lorsqu'on y fait bouillir ce métal réduit en petites lames. On peut encore s'assurer par la dissolution de l'argent par le soufre, que l'acide vitriolique qui est le même que celui du soufre a quelque disposition à s'unir avec lui. La *lune cornée* se dissout aussi dans l'acide vitriolique à un certain point, lorsque cette dissolution est favorisée par la chaleur.

V. On sçait que l'on peut dissoudre ou amalgamer l'argent en limaille ou battu & réduit en petites lames, avec le mercure. On prend pour cet effet ou une partie d'argent contre quatre ou six de mercure, & on les triture jusqu'à ce que la masse prenne une consistence de beurre ; ou *l'arbre de Diane* que l'on purifie

par la trituration & le lavage dans
l'eau ; ou de l'argent qui a été
précipité de l'eau-forte par le cuivre. Toutes ces méthodes font
propres à faire un amalgame ; cependant fi l'on s'en tient au dernier procédé, & qu'on n'ait pas eu
foin de bien édulcorer le précipité d'argent, il pourra refter un
peu cuivreux.

VI. Pour purifier l'argent par
le foufre, on s'y prend de la
même maniére que pour l'or.
Faites fondre votre argent, ou ne
le faites rougir qu'à blancheur,
& fur une demi - once de ce métal, portez trois ou quatre onces
d'*hepar fulphuris* fait avec parties
égales d'alcali & de foufre, ou
avec deux parties d'alcali contre
une de foufre ; & l'argent fera
mis en diffolution par le foufre.

SECTION III.

De la précipitation de l'Argent.

I. L'Argent qui a été mis en dissolution dans l'eau-forte se précipite, 1°. par un alcali fixe ou volatil ; 2°. par le sel marin ; 3°. par le cuivre ; 4°. par l'huile de vitriol ; 5°. par le mercure.

II. L'argent précipité par l'alcali volatil est plus divisé que celui qui l'a été par l'alcali fixe.

III. Quand on se sert du sel marin, on obtient l'argent sous la forme d'une poudre blanche dont on fait la *lune cornée* ; pour cela il faut mettre la dissolution d'argent dans un vaisseau plein d'eau de pluie ou de fontaine, y verser une solution de ce sel marin jusqu'à ce que l'eau ne de-

vienne plus laiteuſe, laiſſer repoſer ; enſuite eſſayer de nouveau
avec la ſolution de ſel, s'il n'y
eſt plus rien reſté ; décanter la
liqueur qui ſurnage, & édulcorer le précipité ; ſi l'on veut qu'il
ſoit très-blanc, ce qui ne laiſſe
pas d'être difficile, il faudra faire promptement l'opération &
l'édulcoration, afin que l'eau ſa-
lée ne ſéjourne pas long-tems ſur
le précipité ; enſuite l'édulcorer
bien ſoigneuſement avec de l'eau
très-chaude, & le mettre à l'abri
de l'air.

I V. La raiſon pour laquelle la
premiére précipitation ſe fait, eſt
qu'un acide & un alcali ont plus
de diſpoſition à s'unir enſemble
qu'un ſel neutre & un acide, &
que par conſéquent le métal ſe
ſépare de l'acide qui ſe ſaiſit de
l'alcali.

V. Le fel marin précipite l'argent en une poudre très-divifée; c'eft un effet de la fubtilité de l'efprit de fel & même du fel marin; on en a des exemples dans d'autres combinaifons, & fur-tout dans le fel de Glauber qui l'emporte fur tous les fels neutres par fa folubilité dans l'eau & fa fufibilité dans le feu.

V I. Le précipité d'argent qu'on a obtenu par le moyen du fel marin fond aifément au feu & s'y change en une fubftance femblable à de la corne qui eft affez tenace & qui peut fouffrir le marteau jufqu'à un certain point; c'eft ce qu'on nomme la *lune cornée*

V I I. La *lune cornée* eft volatile & fe diffipe dans le feu; elle fe réduit en métal, lorfqu'on y joint de l'alcali & une matiére qui s'enflamme promptement, telle que de la poix ou de la graiſſe.

VIII. L'argent qui a été précipité de l'eau-forte par le cuivre doit plutôt être regardé comme de l'argent en lames déliées, que comme une chaux métallique ; c'eſt pourquoi on peut l'amalgamer avec le mercure.

IX. Le précipité de l'argent fait par l'huile de vitriol demande encore un examen particulier.

X. L'argent amalgamé avec le mercure & mis dans l'eau-forte fait ce qu'on appelle *l'arbre de Diane* ; on prend pour cela de la diſſolution d'argent ; on la met dans un matras avec huit ou dix fois ſon poids d'eau ; on y joint trois, ou trois onces & demie de mercure ; on laiſſe repoſer le mêlange ; le mercure non-ſeulement s'unit avec l'argent , mais il forme encore avec lui des branches & des rameaux. Si l'on a mis trop peu de mercure, la végétation ne fera pas fi parfaite ; fi l'on en a trop mis, elle n'aura pas affez de confiftence , & fera confufe.

SECTION IV.

De la cryftallifation de l'Argent.

I. P Renez de l'argent diffout dans de l'eau-forte ; faites évaporer cette diffolution jufqu'au tiers ou jufqu'à la moitié ; enfuite mettez-la dans un lieu frais pour qu'elle donne des cryftaux; fi vous voulez que ces cryftaux foient grands & purs , faites évaporer la diffolution au foleil ou à une chaleur douce , pendant quelques femaines, ou même pendant quelques mois.

I I. Les diſſolutions des autres métaux, ſur-tout des métaux imparfaits, telles que celles du plomb, du mercure & du fer, laiſſent après la cryſtalliſation, une liqueur épaiſſe & ſemblable à de l'huile qu'on ne peut plus faire cryſtalliſer ; c'eſt ce qu'on appelle *l'huile de Saturne*, &c. mais l'argent a la propriété commune avec l'or, de ſe cryſtalliſer entiérement.

I I I. Ces cryſtaux s'appellent *ſel de lune* ; mais il ne faut point croire que ce ſoit une partie du tout ; c'eſt de l'argent dans ſon entier qui a changé de forme par ſa combinaiſon avec l'acide nitreux qui lui eſt étranger, puiſqu'on peut l'en dépouiller & lui rendre ſa forme métallique par le moyen de l'évaporation ou de la diſtillation.

IV. D'autres nomment ce fel *vitriol de lune*; & quoique le nom de vitriol ne s'applique proprement qu'à un fel martial ou cuivreux, on peut cependant s'en fervir ici, le vitriol défignant un fel métallique formé par l'union d'un métal & d'un acide.

CHAPITRE III.

Du Mercure ou Vif-Argent.

SECTION PREMIERE.

De la purification du Mercure.

I. LE mercure peut avoir été altéré, par fraude, ou pour avoir servi dans des travaux sur des métaux, c'est pourquoi il a besoin d'être purifié, quand on veut pouvoir compter sur ses effets.

II. On peut le purifier de six maniéres, 1°. en le faisant passer au travers d'une peau de chamois; cette purification est bonne pour emporter non-seulement les ordures visibles qui s'y seront attachées; mais encore pour en sé-

parer l'or & l'argent qui ne paf-
fent point au travers de la peau;
2°. par le vinaigre, & le fel marin , & par le fel ammoniac;
on lave & triture fortement le
mercure dans ce mêlange; 3°. par
la diftillation dans une cornue de
verre peu élevée, que l'on met au
bain de fable , où il faut que la
cornue foit enterrée, parce que le
mercure ne s'élevant pas fort
haut, il retomberoit toujours fi
la partie poftérieure de la cornue n'étoit pas échauffée; 4°. en
remettant le mercure fous la forme de cinnabre dont il a été tiré ; parce que les métaux qui
pourroient être mêlés avec lui
ne s'élevent point avec la combinaifon du cinnabre, mais ref-
tent au fond du vafe dans lequel
fe fait la fublimation; 5°. en faifant du mercure fublimé & en
retirant

retirant enfuite le mercure qui eft dans le fublimé ; par cette méthode, il eft purifié parfaitement ; car l'acide du fel marin dont on fe fert pour faire le mercure fublimé permet encore moins que le foufre dans le cinnabre, qu'il fe fublime quelque fubftance métallique étrangére au mercure ; 6°. en amalgamant le mercure foigneufement avec de l'or pur ou avec de l'argent, & le retirant de cet amalgame par la diftillation. En effet de même que l'or & l'argent dans l'amalgame fe dégagent de toute faleté & de toute fubftance étrangére, le mercure fe débarraffe auffi de toutes celles qu'il peut avoir contractées.

III. Une maniére par laquelle on peut reconnoître fi le mercure eft bien pur, c'eft de prendre une lame d'argent fin, d'en racler un endroit, de placer sur cet endroit une goutte de mercure, de chauffer la lame d'argent & de faire évaporer le mercure. Si la tache que le mercure y laissera est grise & non blanche, c'est une preuve que le mercure est parfaitement pur. Si la tache étoit d'un jaune d'or, ce qui ne pourroit arriver par hazard, elle indiqueroit que le mercure contiendroit de l'or.

Section II.

De la dissolution du Mercure.

I. LE mercure se dissout, 1°. dans l'eau-forte ; 2°. dans l'eau régale ; 3°. dans l'huile de vitriol.

II. L'eau-forte est son meil-

leur diſſolvant ; on en prend
trois ou quatre parties ou plus ,
ſuivant ſon degré de force, contre
une partie de mercure ; & l'on
expoſe le mêlange ſur un bain
de ſable juſqu'à ce que tout ſoit
diſſout.

III. Pour qu'il ſe diſſolve
dans l'huile de vitriol, il faut l'y
faire bouillir ; encore ce diſſolvant n'en détache-t-il pas beaucoup.

IV. L'acide du ſel marin ne
fait que le ronger , & le change en une poudre ou chaux blanche.

SECTION III.

De la cryſtalliſation du Mercure.

I. **F**Aites évaporer la diſſolution de mercure aux deux tiers

ou à la moitié ; si vous voulez
avoir de grands crystaux , mettez la liqueur à une évaporation
insensible , par une chaleur très-
douce, pendant quelques semaines ; de cette maniére vous obtiendrez un beau sel ou *vitriol*
de mercure.

I I. Après cette évaporation , il
reste une liqueur épaisse & comme huileuse qui ne crystallise plus;
on la nomme huile de mercure,
(*oleum mercurii.*)

SECTION IV.

Du Mercure sublimé corrosif.

I. P Renez du sel mercuriel dé-
crit sect. troisiéme ; du sel marin
fondu ou de sel gemme, & du
vitriol calciné à blancheur, de
chacun une partie ; il faut que

ces sels soient bien séchés & pulvérisés séparément; mêlez le tout dans une capsule de verre; mettez le mélange dans une cucurbite de verre au bain de sable; donnez un feu qui peu à peu finisse par faire rougir le fond du vaisseau; écartez un peu le sable qui est sur les côtés de la cucurbite, afin de pouvoir regarder au fond du vaisseau & vous assurer si tout ce qui devoit s'élever, s'est élevé; ce que vous reconnoîtrez s'il ne part plus de fumée, & s'il ne reste rien de blanc sur le résidu ou *caput mortuum*; cassez le vaisseau avec précaution, de peur que le sublimé qui s'est attaché à sa partie supérieure, sous la forme de petites aiguilles parmi lesquelles il y a communément du mercure vif, ne se confonde point avec les mor-

ceaux de fublimé qui fe font at-
tachés au-deffous ; c'eft celui qui
fe trouve le plus bas qui eft le
meilleur & le véritable ; il faut
conferver ce qui s'eft attaché plus
haut pour un nouveau travail ;
vous vous en fervirez fur-tout,
quand il fera queftion de faire du
mercure doux.

II. Le mercure ainfi fublimé
& qui a pris la forme d'un fel,
outre le mercure, eft principalement compofé de l'acide du fel
marin, & n'eft point dépourvu
de l'acide nitreux. On peut fe
convaincre que l'acide du fel marin eft le principal ingrédient du
fublimé, parce qu'on peut avec
l'antimoine & l'efprit de fel marin faire le beurre d'antimoine,
de même qu'avec le mercure fublimé & l'antimoine.

III. Le vitriol ne fert dans

cette opération, qu'à dégager les acides du sel marin & du nitre, de leur alcali ; afin qu'ils puiffent fe fublimer avec le mercure.

IV. Le mercure *doux* eft auffi un fublimé ; mais il eft adouci par des fublimations réitérées.

V. En faifant le mêlange pour le fublimé, il faut bien fe garantir de la vapeur qui s'éleve, & fur-tout de celle du Sel marin qui s'éleve fur le champ lorfque les matiéres qui entrent dans ce mêlange font bien féches ; elle eft très-nuifible à la poitrine ; c'eft pourquoi il eft bon de fe couvrir la bouche avec un linge, & de faire l'opération à l'air libre.

SECTION V.

Du Mercure doux.

I. PRenez de sublimé corrosif une partie & de mercure vif trois parties ; triturez ce mêlange dans un mortier de verre jusqu'à ce que tout le mercure vif soit amorti & changé en une poudre grise ; pendant cette opération, prenez garde de respirer les vapeurs soit par la bouche soit par le nez ; mettez le mêlange dans un matras au bain de sable, & arrangez du sable tout autour, de maniére qu'il y en ait deux doigts au-dessus de la matiére qui y est contenue, afin que le mercure vif impur s'éleve fort haut par la chaleur du sable, & ne demeure point confondu avec la partie la plus parfaite du sublimé qui s'attache plus bas. Quand il se sera attaché quelque chose à la partie supérieure du vaisseau, ôtez une partie du sable qui est sur les côtés du vaisseau afin que la portion la plus parfaite du sublimé n'ait pas si haut à monter, & pour que le vaisseau de verre en se refroidissant un peu lui laisse une place où il puisse s'attacher ; enfin enlevez du sable assez pour pouvoir remarquer au fond du vaisseau si tout a été sublimé ; cassez le vaisseau ; ce qui s'est attaché le plus bas est le mercure doux ; & vous pourrez garder pour une autre dulcification ce qui s'est attaché tout en haut. Pour que l'opération ait été bien faite, il faut que ce mercure n'ait aucun goût. Si le premier travail a été conduit avec soin, toute l'acidité aura difparu ; mais s'il eft encore acide, il faudra le triturer de nouveau avec du mercure vif & le faire refublimer ; s'il n'eft plus acide & qu'on réitére mal à-propos la fublimation, le mercure doux perdra fa vertu purgative.

II. La raifon ou étiologie de cette dulcification eft que les particules falines & acides de ce fublimé émouffent leur activité fur le mercure vif qui eft une fubftance infipide.

SECTION VI.

De l'Amalgame.

I. *A malgamer* eft un mot dérivé de l'Arabe, il fignifie diffoudre & amollir les métaux par le moyen du mercure.

II. C'eſt avec l'étain, le plomb & le zinc que le mercure s'amalgame le plus facilement.

III. Il a plus de peine à s'unir avec l'or & l'argent.

IV. Encore plus à s'amalgamer avec le cuivre.

V. Le cuivre jaune ou laiton peut s'unir par une longue trituration avec le mercure ; mais dans ce procédé , il ſe ſépare de la calamine avec laquelle il étoit uni.

VI. Le fer ne peut s'amalgamer avec le mercure , parce qu'il eſt trop groſſier & trop chargé de parties terreuſes.

VII. Le régule d'antimoine ne s'amalgame que par un tour de main , qui conſiſte à le triturer ſous l'eau.

VIII. On verra l'amalgame

de chaque métal fous leurs chapitres particuliers.

SECTION VII.

De la précipitation du Mercure.

I. CE qu'on appelle précipitation du mercure n'eft que l'opération par laquelle on le fépare de l'acide dans lequel il étoit en diffolution fous la forme d'une poudre ou chaux, au moyen d'un autre fel ou métal.

II. Cette précipitation fe fait 1°. par de l'alcali ; 2°. par de la chaux vive ; 3°. par du fel marin ; 4°. par le cuivre.

III. On doit auffi placer ici l'opération par laquelle, fans avoir recours à un troifiéme corps, ou précipitant, on lui enleve fon acide par évaporation ou par diftillation, de forte que le mercure reſte ſous la forme d'une poudre qui eſt d'abord jaune , qui devient rouge enſuite, & qui, ſi l'on augmente le feu, finit par ſe ſublimer entiérement.

IV. Prenez de la diſſolution de mercure ; précipitez-le avec de l'alcali fixe , ou de l'huile de tartre par défaillance ou du ſel alcali volatil ; & vous obtiendrez un précipité blanc que l'on nomme *magiſtere de mercure.*

V. Si vous prenez du ſel marin au lieu d'alcali , le précipité en ſera beaucoup plus blanc ; on le nomme *mercure précipité blanc.*

VI. Si vous avez ajouté un peu de cuivre au mercure , en précipitant la diſſolution ; vous aurez une poudre verte que l'on nomme *mercure précipité verd.*

VII. Si vous étendez dans de l'eau le mercure diſſout par l'hui-

le de vitriol , vous aurez un précipité rouge ou plutôt d'un jaune orangé ; c'eſt ce qu'on nomme le *précipité rouge* ou *turbith
minéral*.

VIII. Quand on diſtille la
diſſolution de mercure faite dans
l'eau-forte ; on nomme auſſi *mercure précipité rouge*, la poudre que
l'on obtient par ce procédé.

IX. Si on fait brûler de l'eſ-
prit-de-vin ſur ce précipité rouge , (ce qui l'édulcore & lui fait
perdre l'acide qui pouvoit lui être
reſté de ſa diſſolution dans l'eau-
forte), on obtient ce qu'on appelle l'*arcanum corallinum*.

X. Le mercure diſſout dans
l'eau-forte eſt précipité par le cuivre ſous ſa forme naturelle , &
il paroît coulant.

SECTION VIII.

De la calcination du Mercure.

I. LE mercure se réduit en chaux ou en terre soit par le feu, soit par les acides.

II. Par le feu, il se calcine ou par lui-même, ou uni avec d'autres métaux, sur-tout lorsqu'il est amalgamé avec l'argent.

III. Pour le calciner par lui-même, il faut mettre un peu de mercure dans un vaisseau de verre de façon qu'il s'éleve & retombe ; on verra du rouge sur les cotés du vaisseau. Il ne faut point donner trop grand feu dans cette opération, sans quoi cette portion rouge se remettra en mercure coulant ; d'un autre côté avec un feu trop foible, on n'obtient rien ; d'où l'on voit qu'il eſt très-difficile d'avoir par cette voye une quantité raiſonnable de chaux rouge de mercure. Cette poudre rouge ſe diſſout dans les acides.

IV. Il vaut mieux prendre un amalgame d'argent qui contienne de quatre juſqu'à ſix parties de mercure ; donner un degré de feu ſuffiſant pour faire monter le mercure, & qu'il retombe enſuite. Par cette méthode on a une grande quantité de poudre jaune & rouge qui n'eſt que du mercure en chaux.

V. Quelques acides, tels que l'acide vitriolique & celui du ſel marin, ne diſſolvent point le mercure ; ils ne font que le ronger & le réduire en une poudre blanche.

VI. L'on peut rapporter ici

tous les sublimés ou toutes les chaux mercurielles dont j'ai parlé dans la section précédente.

SECTION IX.

De la revivification du Mercure.

I. QUand le mercure n'est plus vif & coulant , on dit qu'il est *amorti* ; il seroit à souhaiter qu'on pût le tenir dans cet état ; mais il n'est que masqué ou transformé ; & il est aisé de lui rendre la vie.

II. Il perd sa forme de quatre maniéres , 1°. en se crystallisant ou devenant un sel ; 2°. en devenant sublimé corrosif ou sublimé doux ; 3°. en se minéralisant comme dans le cinnabre ; 4°. en se réduisant en chaux ou terre.

III. Quand le mercure n'est

qu'amalgamé, il n'a pas befoin
d'être revivifié, il fuffit d'en faire l'extraction ; car il n'a point
perdu fa forme métallique dans
l'amalgame ; il n'a été qu'incorporé dans un autre métal.

I V. Quand il eft ou en fel
cryftallifé ou fous la forme d'une
chaux ; il eft uni avec un acide,
fur-tout lorfqu'il eft fous une forme faline ; alors on ne peut le
revivifier par lui-même ; il faut
y joindre quelqu'autre fubftance,
telle qu'un alcali, qui s'uniffant
avec l'acide lui faffe lacher prife,
& dégage le mercure.

V. Le mercure fublimé, foit
corrofif, foit doux, exige un interméde, pour que le mercure
fe revivifie ; fans cet interméde
il fe fublimeroit toujours fous la
même forme.

V I. Pour revivifier le mercure du cinnabre, il faut prendre parties égales de cinnabre & de limaille de fer, les pulvérifer & les mettre en diftillation ; ou fe fervir d'un alcali, tel que la potaffe ; quoique ce dernier ne réuffiffe pas fi bien.

VII. La chaux de mercure faite *per fe* , fans diffolution dans les acides, ni fans amalgame, ne fe revivifie que trop aifément.

VIII. L'amalgame du plomb & du mercure rend le mercure très-impur.

IX. Il en eft de même de fon amalgame avec le zinc ; ce qui montre de l'analogie entre le zinc & le plomb.

X. Quand il a été amalgamé avec le régule d'antimoine, il s'en fépare très-pur.

SECTION X.

De la minéralisation du Mercure,
ou du Cinnabre artificiel.

I. LE mercure a été tiré du cinnabre, & peut être remis en cinnabre au moyen du soufre. On
prend pour cet effet de mercure
vif une partie & de soufre une
demi-partie ou même quelque
chose de moins, car il n'entre
pas même un tiers de soufre dans
la combinaison du cinnabre ; ce
n'est que pour amortir le mercure
qu'on prend plus de soufre qu'il
n'en faut ; on triture le mélange
dans un mortier de fer ou de verre,
jusqu'à ce que le mercure ait entiérement disparu & formé avec
le soufre une poudre noire qu'on
nomme *Æthiops minéral* ; pour

lors il faut ou sublimer ce mêlange dans une cornue de verre,
afin que le soufre superflu puisse
passer à la distillation, sans toujours retomber en arriére, ou placer le mêlange après l'avoir mis
dans une cucurbite peu élevée ou
dans un autre vaisseau semblable,
au bain de sable, sur un feu de
charbon, de maniére qu'il se
fonde seulement sans s'enflammer ; si ce cas arrivoit, il n'y
auroit qu'à le retirer du feu &
l'éteindre en le couvrant ; il faut
de tems en tems remuer le mêlange avec une baguette de fer,
jusqu'à ce qu'il devienne épais,
qu'il se soit dissipé assez de soufre, & que le mercure en ait toutefois sa suffisance ; pour lors lais-
sez refroidir le mêlange ; & vous
aurez une matiére noire qui res-
semblera assez à de la mine de

plomb répandue dans une pierre de corne noire ; vous l'écraferez, & la ferez fublimer au bain de fable dans de petits matras ou cornues, en obfervant que le fable qui eft autour furpaffe la matiére de deux doigts ; foit que vous fuiviez dans ce travail, la premiére ou la feconde méthode, le foufre fuperflu & le mercure qui ne fera pas amorti s'éleveront d'abord ; alors ôtez un peu du fable ; donnez un feu trèsvif, & regardez au fond du vaiffeau, fi tout s'eft fublimé ; laiffez refroidir ; féparez le cinnabre qui occupe la partie inférieure, & gardez ce qui fera au-deffus pour un autre travail femblable. Si l'opération a été bien faite, le cinnabre fera bon dès la premiére fois ; on en jugera par fa couleur ; plus elle fera vive, moins il y aura de soufre, qui cependant doit tout au moins en faire une sixiéme ou septiéme partie ; mais lorsque la couleur n'est pas belle & que le cinnabre n'est que d'un brun rouge, il faudra le sublimer de nouveau. Vous observerez de donner promptement un feu violent.

CHAPITRE IV.

Du Plomb.

SECTION PREMIERE.

Du raffinage du Plomb.

I. Si le plomb contient de l'or ou de l'argent, il n'y a point d'autre moyen que de le coupeller & de réduire la coupelle.

II. Si le plomb eſt mêlé avec des métaux imparfaits, la purification en eſt très-difficile, & même impoſſible, ſur-tout ſi la quantité eſt peu conſidérable.

III. On n'eſt point dans le cas de le purifier du fer, attendu que ce métal ne s'unit jamais avec le plomb.

IV.

IV. Lorsqu'il contient beaucoup de cuivre, on pourroit l'en séparer par le moyen du nitre, parce qu'il s'unit plus aisément avec le cuivre qu'avec le plomb; on pourroit aussi employer l'acide vitriolique, mais il faudroit qu'auparavant de faire l'extraction des particules cuivreuses, le plomb fût réduit en chaux. Un moyen de voir si une chaux de plomb contient du cuivre, c'est de verser dessus de l'alcali volatil urineux qui pour lors se colore en bleu. Mais s'il n'y avoit qu'une très-petite portion de cuivre, il seroit très-difficile d'en reconnoître la présence & de l'en séparer. Cependant le plomb qui est pur, tel que celui de Villach, de Goslar & d'Angleterre, donne un verre de plomb plus blanc que celui de Freyberg.

II. Partie.   I

V. L'étain se sépare du plomb à la coupelle ; il ne s'agira que de faire la réduction de la coupelle.

VI. L'arsenic se dissipe ou se sépare très-aisément du plomb, lorsqu'il est en fusion:

SECTION II.

De la calcination du Plomb.

I. CEtte opération se fait 1°. par le moyen de l'air ; 2°. par le moyen du feu ; 3°. par les acides.

II. Personne n'ignore que le plomb ne se change en chaux ou en terre à l'air ; sur quoi cependant il est bon d'observer pour le plomb, & pour tous les métaux, que cette calcination n'est pas la même par tout, & qu'elle varie avec les différens climats, suivant que ce métal est plus ou moins exposé à l'air, aux rayons du soleil, dans des endroits humides, ou caché dans la terre.

III. Le plomb se réduit en cendre ou en chaux, 1°. par lui-même ; 2°. par le moyen du nitre ; 3°. par le sel marin ; 4°. par le soufre.

IV. Faites fondre du plomb dans un creuset ou dans un plat au fourneau de réverbere à un feu modéré ; remuez-le bien avec une baguette de fer ; & prenez garde qu'il n'y tombe des charbons qui réduiroient la chaux de plomb en métal, ni que le feu ne soit point trop violent, parce que la chaux se pelotonneroit & feroit une masse avec ce qui est encore dans l'état de plomb.

V. Lorsque le plomb sera en fusion, portez-y environ quatre

onces de fel marin par cuillerées ; quand il aura décrépité,
remuez le mélange, jufqu'à ce
que vous n'apperceviez plus que
peu ou point de plomb ; laiffez
refroidir ; triturez la chaux que
vous aurez obtenue ; édulcorez-
la avec de l'eau, & faites-en enfuite le lavage pour en féparer
les grains de plomb qui ne fe fe-
ront pas réduits en chaux ; vous
traiterez ces grains comme le
refte.

VI. Faites fondre du plomb
dans un fourneau à vent ; joignez-y pour lors du nitre bien féché, que vous y ferez détonner ;
écrafez la maffe qui en réfultera, &
édulcorez la chaux avec de l'eau.
Sur une demi - once de plomb,
mettez deux drachmes de nitre.

VII. Faites fondre votre plomb
dans un creufet ; mettez - y en-

viron la moitié de son poids de
soufre ; remuez le tout ; laissez-
le ensuite un peu reposer ; &
vous obtiendrez une matiére noire que l'on nomme *plomb brulé*
(*plumbum ustum.*)

IX. Les acides qui réduisent
le plomb en chaux sont, 1°. l'a-
cide vitriolique ; 2°. l'acide nitreux ; 3°. l'acide du sel marin ;
4°. l'eau régale ; 5°. l'acide du
vinaigre. Tous ces acides agis-
sent sur le plomb, quand il est
sous sa forme métallique, & le
réduisent en une poudre blanche ;
mais ils n'en dissolvent qu'une
petite quantité, & la partie qu'ils
ont réellement mise en dissolution se précipite par un alcali.

X. Il est à remarquer que le
blanc de céruse, ou de plomb qui
entre dans le commerce, ne se
fait qu'avec l'acide du vinaigre,

I iij

sans qu'on l'y mette tremper, mais seulement en l'exposant à sa vapeur qui suffit pour le ronger.

XI. C'est avec cette *céruse* que se fait le *minium*, sans qu'il soit besoin d'y rien ajouter, par la seule réverbération du feu ; mais cette opération exige des manipulations particulières.

XII. Quand on ne fait que rougir légérement la *céruse*, elle devient d'un jaune de soufre ; c'est vraisemblablement la couleur qu'on vend sous le nom de *jaune de plomb*.

XIII. Quand on précipite avec le sel marin une dissolution de plomb faite dans l'eau-forte ou l'eau régale, on obtient un précipité qui dans le feu produit les effets de la lune cornée ; c'est ce qu'on nomme *plomb corné*.

SECTION III.

De la diffolution du Plomb.

I. LA diffolution du plomb s'opére, 1°. par le mercure ; 2°. par
le foufre ; 3°. par les acides.

II. Prenez une partie de plomb
en grenaille ou battu, & trois ou
quatre parties de mercure ; triturez ce mêlange jufqu'à ce que
tout foit réduit en une maffe molle, ce qui fe fera très-promptement.

III. Faites fondre du plomb
avec de *l'hepar fulphuris* ; il fe
trouve incorporé dans le foufre
au moyen de l'alcali.

IV. Le plomb fe diffout dans
les acides foit fous fa forme métallique, foit feulement après
avoir été réduit en chaux.

I iv

V. L'acide du vinaigre n'agit fur le plomb que lorfqu'il a perdu fon état métallique ; il faut donc qu'il foit réduit ou en *cendre de plomb*, par lui-même ou à l'aide du fel marin, ou en cérufe, ou en minium, ou en litharge, ou en magiftere de plomb.

VI. L'efprit de nitre, l'eau régale & l'efprit de fel agiffent fur lui, même dans l'état métallique ; mais il s'en dégage aifément de lui-même, & retombe au fond, fous la forme d'une poudre blanche. Il eft aifé de juger combien ces acides puiffans pénétrent le plomb lorfqu'il eft en chaux, puifque même l'acide du vinaigre eft en état d'agir fur ce métal.

SECTION IV.

De la cryſtalliſation du Plomb.

I. SI l'on met à évaporer une diſſolution de plomb faite dans un acide quelconque, on obtient un ſel que l'on nomme *ſel de Saturne*, ou *vitriol de Saturne*, & plus communément *ſucre de Saturne*, à cauſe de la douceur de ſon goût.

II. La liqueur qui reſte ſans pouvoir cryſtalliſer dans cette évaporation eſt d'une conſiſtence épaiſſe comme de l'huile ou du miel ; cela arrive, ſur-tout lorſque le plomb a été diſſout dans le vinaigre ; elle s'appelle *huile de Saturne.*

III. Il eſt difficile d'obtenir avec le vinaigre de beaux cryſtaux de fucre de Saturne ; voici le tour de main pour y réuffir ; il faut & commencer d'abord l'évaporation au bain de fable, & la continuer enfuite à une chaleur très-douce pendant fort long-temps. On peut auffi faciliter la cryftallifation, en y joignant un peu d'eau-forte, fi les circonftances le permettent.

IV. Le plomb diffout dans l'eau-forte donne des cryftaux blancs & compactes, au lieu que ceux du vinaigre font un peu jaunâtres.

V. Dans l'eau régale, fur-tout dans celle où il entre du fel ammoniac, les cryftaux font très déliés & femblables à de la foye.

SECTION V.

De la précipitation du Plomb.

I. LE précipité du plomb diffout dans le vinaigre ou dans l'eau-
forte faite par le moyen du fel
marin, fe fond au feu, & fe change en une matiére femblable à
de la corne qu'on nomme *plomb
corné*.

II. L'expérience fuivante m'a
prouvé que la même chofe n'arrivoit pas, quand le plomb avoit
été diffout dans l'eau régale. Je
fis une précipitation de plomb
qui avoit été diffout dans le vinaigre & dans l'eau-forte ; mon
deffein étoit d'obtenir une plus
grande quantité de précipité ; j'y
verfai une diffolution de plomb
dans de l'eau régale ; pour lors

le précipité qui étoit tombé fe
remit entiérement en diffolution ;
j'y ajoutai du fel marin en grande quantité, mais il ne fe préci-
pita plus rien ou du-moins très-
peu de chofe ; la raifon de ce
phénomène eft que l'acide du fel
marin fe trouve dans l'eau régale,
& qu'un corps ne décompofe
pas fon femblable.

CHAPITRE V.

De l'Etain.

SECTION PREMIERE.

De la calcination de l'Etain.

I. L'Etain se réduit en cendre, ou se calcine, 1°. par lui-même à l'aide du feu ; 2°. par le moyen du nitre ; 3°. par le sel marin ; 4°. par l'eau-forte & l'eau régale ; 5°. par le soufre.

II. Il se réduit en chaux par lui-même, lorsqu'on le tient exposé à un feu modéré, le remuant continuellement, & prenant garde qu'il n'y tombe du charbon.

III. Cette expérience se fait journellement chez les potiers d'étain, chez qui l'on voit qu'il se forme continuellement une pellicule sur l'étain fondu ; ils regardent cette peau comme de l'ordure, & y jettent de la poix ou de la graisse pour la nettoyer ; par ce moyen la peau disparoît, & l'étain devient uni comme une glace. Mais cette peau n'est qu'une chaux d'étain ; & cette purification prétendue n'est qu'une réduction de cette chaux par le phlogistique. C'est pour la même raison que, dans les manufactures de fer blanc, on a soin de couvrir toujours de suif la chaudiére dans laquelle est l'étain fondu ; on empêche ainsi que ce métal ne se calcine ; ou dans le cas que cela arrive, on fait qu'il se réduit sur le champ.

IV. Faites fondre une partie

d'étain ; portez-y peu à peu deux parties de nitre bien pur & bien séché, donnez un feu qui ne soit point assez violent pour faire sortir le mélange ; vuidez le creuset dans une bassine de fer, & le pulvérisez ; faites-en le lavage ; & vous aurez une chaux d'étain qui s'appelle *antihectique de Potier*, remède ainsi nommé du nom de son Inventeur.

V. En calcinant l'étain par le sel marin, vous le traiterez de même que le plomb.

VI. Si on fait la dissolution de l'étain dans de l'eau régale, ce métal se précipitera de lui-même sans addition.

VII. Les dissolutions d'étain par l'alcali ou le sel marin le mettent sous la forme d'une chaux ou poudre blanche.

VIII. Pour calciner l'étain

par le foufre, voyez le chapitre
de l'or, Livre III, chap. 1. fect. 2.

SECTION II.

De la diffolution de l'Étain.

I. LA diffolution de l'étain fe
fait, 1°. par le mercure ; 2°. par
le foufre ; 3°. par les acides.

II. Pour diffoudre l'étain par
le mercure, il faut prendre une
partie d'étain en limaille, & trois
parties de mercure & les triturer jufqu'à ce que le tout forme
une maffe molle comme du beurre.

III. Prenez d'étain une partie, d'eau-forte de 4. à 6. parties, d'eau commune de 12. à
16. parties ; expofez le tout à
une chaleur modérée.

1V. Au lieu d'eau-forte, vous

pourrez prendre de l'eau régale ; la diffolution fe fera mieux, & l'étain y fera plus parfaitement diffout.

V. Quant à la diffolution de l'étain par le foufre , voyez ce que nous en avons dit en parlant de l'or.

SECTION. III.

De la précipitation de l'Etain.

I. LEs acides, à l'exception de l'eau régale , agiffent fi foiblement fur l'étain , qu'il s'en fépare fans qu'il foit befoin d'avoir recours à aucun précipitant.

II. Mais lorfqu'il faut recourir à un précipitant , on fe fert d'un alcali, ou du fel marin, comme aux autres diffolutions métalliques.

III. Tout le monde sçait que pour précipiter l'étain de la dissolution dans *l'hepar sulphuris,* on se sert du vinaigre.

SECTION IV.

Composition de l'Etain qui le fait ressembler à de l'argent.

I. PRenez d'étain une demi-livre ; de régule d'antimoine une once ; de cuivre jaune une demi-once ; mettez d'abord l'étain en fusion ; ajoutez-y ensuite l'antimoine & le cuivre jaune ; remuez le mélange ; & quand tout sera bien fondu, vuidez le creuset.

II. On peut se servir de bismuth au lieu de régule ; & de fer ou d'acier au lieu de cuivre jaune, avec cette seule différence que le fer rend l'étain plus

dur & par conséquent plus difficile à travailler ; mais la composition n'en est que plus blanche.
Le régule & le bismuth le blan-
chissent, mais l'aigrissent ; c'est
pourquoi il ne faut point y en
mettre beaucoup. D'ailleurs le
régule en rend l'usage suspect en
vaisselle & en ustenciles de mé-
nage , sur-tout si les vaisseaux
doivent recevoir du vinaigre.

CHAPITRE VI.

Du Cuivre.

SECTION PREMIERE.

De la purification du Cuivre.

I. **D**Ans le travail en grand ,
le cuivre fe purifie par l'affinage
des métaux imparfaits ; mais il
fe fépare des métaux parfaits ,
par l'éliquation avec le plomb.

II. Rien n'eft plus difficile à
féparer du cuivre que l'étain ;
d'abord parce qu'il réfifte , comme on fçait, au plomb, & ne fe
met pas aifément en fcories avec
ce métal, à moins qu'on n'en
eût employé une quantité excef-

fĳve ; mais le cuivre mêlé d'étain fert pour les fonderies de canon. En fecond lieu , parce que l'étain n'eft pas fi volatil que l'arfenic.

III. Il eft plus aifé d'en féparer le fer, quand il y eft en abondance ; mais pour cet effet il faut recourir au plomb.

IV. Le régule d'antimoine , en quelque petite quantité qu'il foit, gâte tellement le cuivre & le rend fi aigre, qu'il eft difficile de l'en dégager ; & il en devient encore moins propre à la fonte des canons.

V. En général, il eft difficile de purifier parfaitement les cuivres qui ont quelque portion des autres métaux imparfaits ; c'eft pourquoi, dans les premiers travaux de la Métallurgie, il eft important de dégager la mine de

cuivre de toute mine de fer, d'é-
tain, d'antimoine, & d'arsenic;
& dans le grillage de la mine,
de conduire le feu avec tant de
précaution, que la mine n'entre
point en fusion, & ne se pelotonne pas; pour cet effet il suffira
que le feu l'ouvre & la développe.

VI. L'arsenic se dégage du
cuivre par l'action continuée du
feu; cependant la chose devient
plus difficile, quand il n'a pas
été chassé dans les premiers gril-
lages.

VII. Dans le travail en petit, la vitriolisation est la voie
la plus sure de purifier le cuivre;
mais elle est trop couteuse. En
effet l'acide vitriolique ne s'unit
& ne s'incorpore qu'avec le fer
& le cuivre, & les dégage des
autres métaux blancs. Il n'y a

point de meilleur moyen de dégager le cuivre d'avec le fer dans
le vitriol, que la précipitation
par le fer; c'eſt ainſi qu'on obtient
ce qu'on nomme le *cuivre de cé-*
mentation.

SECTION II.

De la calcination du Cuivre.

I. LE cuivre ſe calcine, 1°.
par l'air; 2°. par le feu ſeul & *per*
ſe; 3°. par le ſoufre; 4°. par le
nitre; 5°. par le mercure.

II. Quand le cuivre eſt expoſé dans un endroit humide, à
l'abri du ſoleil, & renfermé, il
devient verd, & ſous cette couleur il ſe nomme *verd-de-gris.*

III. Faites rougir des lames
de cuivre; détachez la pellicule
qui s'y ſera formée & que l'on

nomme *écailles de cuivre*; remettez ces lames à rougir, & continuez comme la premiére fois ;
elles se consumeront entiérement,
& se réduiront en une poudre
d'un rouge brun qu'on nomme
cendre de cuivre. Cette expérience est une de celles que les ouvriers en cuivre font à leurs dé-
pens, attendu qu'ils en perdent
beaucoup, en le faisant rougir
souvent & en le traitant ensuite
au marteau.

IV. Prenez de lames ou de
rognures de cuivre une partie, &
de soufre deux parties ; formez-
en des couches alternatives (*stratum super stratum*) ; faites rougir
le tout à un feu assez fort ; &
vous aurez un cuivre cassant qui
aura augmenté d'un cinquiéme
de son poids par le soufre ; si vous
écrasez ce cuivre, vous aurez une
poudre

poudre brune qu'on nomme *æs ustum* , cuivre brulé.

V. Prenez de limaille de cuivre une partie ; de nitre bien séché deux parties ; mêlez-les ensemble, & portez-en peu à peu dans un creuset rougi que vous couvrirez ; donnez un feu suffisant pour que la matiére entre dans une fusion un peu épaisse ; pulvérisez la masse ; édulcorez-la avec de l'eau ; & vous aurez une chaux de cuivre d'un gris de cendre.

V I. Prenez un amalgame de cuivre dans lequel il entre de 4. à 6. parties de mercure ; triturez-le dans de l'eau pendant long-temps ; le cuivre se séparera du mercure peu à peu sous la forme d'une poudre ou cendre noirâtre ; & si vous vous livrez à un travail qui ne sera pas léger,

II. Partie. K.

tout le cuivre se séparera à la fin
de cette maniére.

SECTION III.

De la dissolution du Cuivre.

I. LE cuivre se dissout, 1°. par
le vinaigre ; 2°. par l'eau-forte ;
3°. par l'eau régale ; 4°. par l'esprit de sel ; 5°. par l'acide vitriolique ; 6°. par le soufre ; 7°.
par l'alcali volatil ; 8°. par le
mercure.

II. Le cuivre dissout par le
vinaigre teint d'une couleur verte la dissolution , qui évaporée
donne un sel verd que l'on nomme *crystaux de verdet.*

III. La dissolution du cuivre
par l'acide vitriolique se fait très-
bien, si l'on employe de la cendre de cuivre ou du cuivre calciné par lui-même.

IV. Si vous mettez du cuivre ou du laiton dans de l'esprit de sel ammoniac, vous aurez une dissolution d'un beau bleu de saphir.

V. Prenez *d'hepar sulphuris* deux parties, & de cuivre une partie; faites-les fondre ensemble; & le cuivre se trouvera réduit en une masse brune qui sera soluble dans l'eau, & dont une portion passera au travers du filtre. On pourra l'en précipiter par les acides.

VI. Prenez une partie de limaille de cuivre & six parties de mercure; triturez long-temps & fortement, jusqu'à ce que le mélange forme un amalgame qui ait la consistence de beurre. Il faut remarquer qu'il n'y a point de métal qui s'amalgame si difficilement que le cuivre.

SECTION IV.

De la cryſtalliſation du Cuivre.

I. LA diſſolution du cuivre dans l'acide vitriolique eſt la meilleure pour obtenir des cryſtaux.

II. C'eſt enſuite, celle qui s'eſt faite dans le vinaigre, comme on peut voir par les cryſtaux de verdet.

III. Celle qui a été faite ou dans l'eau-forte, ou dans l'eau régale, ou dans l'eſprit de ſel ne ſe cryſtalliſe que difficilement ; elle demeure d'une conſiſtence épaiſſe comme du miel,

SECTION V.

Du Cuivre blanc & du Cuivre jaune.

I. LE cuivre blanc est du cuivre qui n'a point changé de nature ; il est seulement pénétré par l'arsenic, & sa couleur rouge est enveloppée de blanc. Si on prend peu d'arsenic, le cuivre ne sera pas trop cassant, mais il ne sera pas fort blanc ; si l'on en met trop, il sera blanc, mais fort cassant ; si l'on n'a point fait entrer d'argent dans l'alliage, il ne pourra prendre le blanchiment, & la couleur n'en sera pas d'un beau blanc ; si l'on y fait entrer beaucoup d'argent, il n'y aura nul profit à faire un tel alliage.

II. Prenez deux onces de cuivre que vous ferez fondre à grand

feu ; portez-y peu-à-peu de l'arfenic blanc pulvérifé ; remuez le
mélange avec un petit bâton ;
mettez-y de potaffe deux drachmes , de verre pilé & de borax de chacun une drachme que
vous pulvériferez & mêlerez en-
femble pour les joindre au mêlange ; vous ne les tiendrez point
trop long-temps en fufion , parce que l'arfenic pourroit fe diffiper, & vous vuiderez le creufet.

I I I. Prenez une partie de cendre de cuivre ; de verre bien pulvérifé deux parties ; mêlez enfem-
ble ces deux matiéres ; faites-les
fondre au fourneau de verrerie
dans lequel vous les tiendrez pendant quelques heures ; tirez enfuite un peu de la matiére fondue
au bout d'une baguette de fer ;
fi elle eft d'un beau verd , vui-

dez le creufet ; fi vous trouvez votre cuivre d'un beau blanc, comme de l'argent, l'opération fera finie ; mais s'il eſt encore rougeâtre, il faudra le faire refondre avec plus de verre, juſqu'à ce qu'il ſoit devenu tout à fait blanc.

I V. Le cuivre jaune n'eſt que du cuivre qui eſt enveloppé d'une couleur jaune, il ſe fait 1°. avec la calamine ; 2°. avec la cadmie des fourneaux ; 3°. avec le zinc ; 4°. avec la tutie. *

V. Prenez deux onces de cuivre en lames, & deux onces de calamine, un quart d'once de pouſſiére de charbon ; faites-en des couches alternatives au four-

---

* Toutes ces matiéres n'ont la propriété de jaunir le cuivre que par le zinc qu'elles contiennent, & c'eſt ce demi métal ſeul qui produit cet effet.

neau à vent, en donnant un feu aſſez violent, pour faire fondre; vuidez le mêlange ſans attendre trop long-tems, ſinon la calamine ſe ſéparera de nouveau du cuivre; vous aurez par ce procédé un cuivre jaune dans lequel un tiers de calamine ſe ſera incorporé ou *métalliſé*; c'eſt ce qu'on nomme cuivre jaune ou *cuivre de laiton*, (*aurichalcum.*)

V I. On procéde de la même façon avec la cadmie des fourneaux; il faut ſeulement en faire le triage & le grillage auparavant.

V I I. Faites bien fondre deux onces de cuivre; joignez-y trois drachmes de zinc; faites bien fondre ce mêlange; remuez le tout; ne le laiſſez pas trop long-temps dans le feu; vuidez enſuite le creuſet ; & vous aurez un cuivre jaune plus beau que celui de laiton, mais qui n'eſt pas ſi malléable ; c'eſt ce qu'on nomme le *métal du prince Robert.*

K v

CHAPITRE VII.

Du Fer.

SECTION I.

De l'affinage du Fer.

I. L'Affinage du fer consiste à en séparer les parties étrangéres les plus grossiéres soit métalliqués soit terreuses.

II. Pour faire d'un fer fondu ou *fer de gueuse* grossier & impur, du fer en barre ou du fil de fer qui soit doux, il ne s'agit que de le faire rougir, le forger, le travailler & le scorifier.

III. Mais pour faire de l'acier, c'est-à-dire, pour porter le fer à son plus haut point de perfection ; ce n'eſt ni par le feu ni par le marteau qu'on y réuſſira, quand même on auroit employé le fer de la meilleure eſpèce ; il eſt vrai que la cémentation peut y contribuer en quelque choſe ; mais l'acier obtenu par cette voie redevient fer en le remettant à rougir au feu, ou bien il eſt trop aigre, ſe met en éclats ſous les coups du marteau, & n'eſt point propre à être ſoudé.

IV. Le ſuccès dans les tentatives que l'on fera pour avoir du bon acier, dépend ou du choix de la meilleure mine de fer, ou de la maniére dont le fer a été traité dans la fonte, & quand on l'a coulé.

V. Jamais on n'auroit de bon vin de Tokai, ſi on ne faiſoit

pas le choix des meilleurs grains de raisin, *sapienti sat*. Mais si l'on n'a pas la volonté ou la commodité d'y regarder de si près, il faudra du moins étudier le moment convenable de couler la gueuse ; un forgeron expérimenté aura des marques auxquelles il reconnoîtra quand l'acier fondu est prêt à venir.

VI. Le fer qui est allié avec le cuivre, l'étain, &c. peut en être dégagé au moyen de la vitriolisation.

SECTION II.

De la calcination du Fer.

I. LE fer se change en rouille ou en terre, 1°. par l'humidité de l'air ; 2°. dans le feu, par lui-même ; 3°. dans le feu, par le foufre ; 4°. par le nitre ; 5°. par l'eau-forte ; 6°. dans le vitriol martial ou la couperofe.

II. Le fer eft prefqu'entiére-ment rongé par l'air ; mais il faut pour cet effet qu'il ne foit pas libre, mais humide, & que le corps foit à l'ombre.

III. Le feu réduit en peu de temps le fer en une terre d'un brun rougeâtre.

IV. La calcination du fer dans le feu eft accélérée par le foufre.

V. Le nitre décompofe & dé-truit entiérement le fer, en lui enlevant fa forme métallique.

VI. L'eau-forte le réduit très-promptement en rouille.

VII. Quand on a calciné le vitriol martial, il ne refte qu'une terre ferrugineufe qui eft en auffi grande quantité qu'il y avoit de fer.

SECTION III.

De la dissolution du Fer.

I. COmme l'humidité de l'air suffit pour agir sur le fer, il est aisé de conclure que tous les acides peuvent le dissoudre.

II. Il n'y en a cependant aucun qui le dissolve mieux que l'acide vitriolique, ou l'acide du soufre ; & le soufre , comme seule matrice de l'acide vitriolique, se trouve le plus fréquemment dans le voisinage du fer , ainsi que la pyrite le démontre.

III. Prenez d'acier une partie; d'huile de vitriol trois ou quatre parties, à proportion de sa force ; & de vingt à trente livres d'eau de fontaine ; & vous aurez une dissolution d'un verd d'émeraude.

IV. On n'a pas trouvé jufqu'à préfent que le mercure diffolve le fer ; cela vient fans doute de la groffiéreté de fes parties terreftres ; en effet fa mine eft groffiére & terreufe, ce qui eft caufe que l'air le change plus aifément en terre, que tous les autres métaux.

Quant à la criftallifation du fer, voyez ce qui a été dit du vitriol, Livre II. Chap. 1. Sect. 1.

❖❖❖❖❖❖❖❖❖❖❖❖❖❖❖❖❖❖❖❖

LIVRE QUATRIEME.

Des demi-Métaux.

CHAPITRE PREMIER.

De l'Antimoine.

SECTION I.

De la calcination de l'Antimoine.

I. CE n'eſt que le régule de l'antimoine qu'on doit regarder comme un demi-métal ; il fait une partie conſidérable de l'antimoine crud, dont le ſoufre conſtitue l'autre partie ; mais comme l'antimoine en totalité eſt l'objet de pluſieurs travaux de la Chymie & de pluſieurs vûes dans la Médecine, il ne faut pas traiter ici seulement de son régule, mais encore de son tout.

I I. L'antimoine se calcine, 1°. par lui-même (*per se*); 2°. par le nitre.

Prenez de l'antimoine de la meilleure espèce, à petites aiguilles; réduisez-le, dans un mortier de fer, en une poudre si fine qu'on n'y remarque plus rien de brillant; mettez-en dans un plat de terre non vernissé environ l'épaisseur d'un doigt; vous le placerez sur un feu modéré, cependant assez fort pour faire partir de la fumée, sans que la matiére se pelotonne & entre en fusion; remuez bien cette poudre en vous garantissant de la fumée. Si elle s'étoit pelotonnée, il faudroit l'écraser de nouveau & procéder comme on a dit; augmentez le feu peu à peu ; car plus l'antimoine perd de son soufre, plus il est en état de soutenir l'action du feu, & plus la poudre devient déliée. Enfin donnez un feu qui fasse rougir le fond du plat & l'antimoine en poudre ; & continuez ce feu jusqu'à ce qu'il devienne d'un gris clair comme de la cendre, & qu'il n'en parte plus de fumée. Il est vrai que, quand on fait trop rougir la chaux qui s'est formée, il s'en dissipe quelque portion ; mais la calcination n'en sera que plus sûrement faite. Enfin quand la matiére sera un peu refroidie, pulvérisez-la avec soin, sans cependant lui donner le tems de refroidir entiérement, parce qu'elle attire l'humidité de l'air, ce qui empêche qu'on ne puisse en faire un verre bien transparent ; ga-

rantiſſez-vous le nez & la bouche pendant la trituration ; &
quand vous voudrez en faire du
verre d'antimoine, vous employe-
rez cette poudre encore chaude.
De cette maniére huit onces d'antimoine m'ont donné près de ſix
onces de chaux.

III. Voici la maniére de faire la chaux d'antimoine par le nitre, c'eſt ce qu'on nomme *antimoine diaphorétique* dans la Médecine. Prenez une partie d'antimoine de la meilleure eſpèce,
& trois parties de nitre bien ſec ;
triturez ce mêlange, & portez-en
peu à peu dans un vaiſſeau éva-
ſé & non verniſſé, ou dans un creuſet large dont le fond ait été rougi
au feu ; il ſe fera une détonnation,
& vous obtiendrez une matiére
blanche ; prenez garde qu'il ne
tombe du charbon dans le creuſet ;

après la détonnation , retirez la matiére du feu ; faites-la fondre à grand feu en couvrant le creufet, ce qui cependant n'eft pas nécef-faire ; écrafez la maffe ou la pou-dre; lavez-la, & la chaux d'antimoi-ne médicinale ou *alchymique* fera préparée. Si vous verfez du vi-naigre dans l'eau qui a fervi à laver cette chaux, il fe précipi-tera une poudre blanche que les Médecins nomment la *matiére per-lée*, qui n'eft qu'une chaux d'anti-moine plus blanche & plus déliée. Cette eau eft alcaline , parce que par la détonnation avec le foufre de l'antimoine, le nitre a perdu fon acide ; cependant il s'y trou-ve encore du nitre entier, parce-que pour décompofer parfaite-ment l'antimoine on aime mieux prendre plus de nitre qu'il ne faut, que d'en prendre moins. Vous pourrez le retirer par l'évaporation; on le nomme *nitre antimonié*; cependant il ne differe en rien du nitre ordinaire.

SECTION II.

Du Régule d'Antimoine.

I. LE régule d'antimoine eſt un demi-métal blanc, caſſant, volatil & par conſéquent mercuriel; il y en a dans l'antimoine crud, enviròn trois parties contre une de ſoufre.

II. On obtient ce régule de deux façons; il ne s'agit dans l'une & dans l'autre que de lui enlever ſon ſoufre; cela ſe peut ou par le moyen des ſels ou par des ſubſtances métalliques; ſi c'eſt par les ſels qu'on opère, on ſe ſert du ſel de tartre & du nitre; ſi c'eſt par les métaux, on prend du plomb, de l'étain, du cuivre & du fer; c'eſt ce dernier qui agit le plus efficacement.

I I I. Lorſque le régule a été fait par le moyen des ſels , on le nomme *régule d'antimoine ſimple*. Prenez parties égales d'anti-moine & de flux noir ; pulvéri-ſez-les enſemble exactement; por-tez-les peu à peu dans un creu-ſet rouge que vous couvrirez ; faites-bien entrer en fuſion ; ver-ſez la matiére fondue dans un cône, & détachez-en les ſco-ries.

I V. Pour faire le régule d'an-timoine martial, prenez huit on-ces de clous à ferrer les chevaux, c'eſt-à-dire, de bon fer , qui ſoit très-doux & qui ne ſoit ni en trop grande ni en trop petite maſſe ; faites-les bien rougir dans un creufet couvert ; alors mettez-y par cuillerées neuf onces d'antimoine réduit en une poudre groffiére ; laiffez fondre le tout ; ajoutez-y peu à peu une ou deux cuillerées de nitre bien fec ; quand la détonnation fera faite, recouvrez le creufet ; faites fondre en obfervant de remuer la matiére avec une baguette de fer ; & quand elle fera bien liquide , verfez-la dans un cône ; féparez les fcories qui s'en détacheront aifément ; elles fe décompoferont à l'air , & donneront une chaux ou terre martiale pénétrée de foufre, que vous changerez en une poudre ou rouille rouge par la calcination.

V. Pour purifier le régule d'antimoine, prenez de régule pulvérifé huit parties ; de nitre bien féché une partie ; mêlez bien le

tout ; mettez le mêlange par cuillerées dans un creufet tout rouge que vous couvrirez ; donnez
un grand feu pour que tout
entre bien en fufion ; vuidez enfuite le creufet ; & vous aurez
non-feulement un régule affiné,
mais *étoilé* ; pour l'obtenir, il
n'y a point de myftere ; c'eft un
préjugé des Anciens ; il ne faut
que de l'attention, & veiller à ce
que la fufion ait été parfaite. Si l'on
avoit mis trop de fer dans la premiére opération, ce qui auroit
pu empêcher de le détacher des
fcories ; on y remédiera par le
moyen du nitre, en réitérant le
même travail.

SECTION

SECTION III.

De la teinture d'Antimoine.

L. PRenez parties égales de régule d'antimoine bien pulvéri-sé, & de nitre ; mêlez-les exac-tement ; mettez - les par cuille-rées dans un creuset rouge que vous couvrirez ensuite ; donnez un grand feu ; remuez & déta-chez la matiére avec une baguet-te de fer ; elle entrera difficile-ment en fusion & aura la con-sistence d'une bouillie ; tandis qu'elle sera encore chaude, met-tez-la dans un mortier de fer ; pulvérisez-la promptement, afin qu'elle n'ait point le tems de se refroidir ni d'attirer l'humidité de l'air ; renfermez-la toute chaude dans un matras à long col qui soit

II. Partie,   L

bien fec & même chaud ; verfez par-deffus affez d'efprit-de-vin très rectifié pour furnager de trois doigts au-deffus de la matiére ; laiffez le tout dans cet état pendant quelques jours ; en remuant plufieurs fois le mélange, vous aurez une bonne teinture d'antimoine.

SECTION IV.

Du Verre d'Antimoine.

I. P Renez de la chaux d'antimoine (faite *per fe*, comme il a été dit dans la fect. premiere) de quatre à fix onces ; mettez-la auffi chaude que vous pourrez & avant qu'elle ait attiré l'humidité de l'air, dans un bon creufet doublé ; couvrez-le & donnez un grand feu. Au bout d'une heure ou environ essayez au bout d'une baguette de fer qui soit froide , si la matiére s'est vitrifiée ; si elle ne l'est pas , continuez à donner grand feu jusqu'à ce qu'elle soit devenue liquide ; vuidez-la pour lors dans un vaisseau de fer ou de cuivre jaune qui soit plat , afin qu'elle s'étende & forme une lame mince en coulant. Garantissez-vous soigneusement de la fumée qui est très-dangereuse , & ne faites cette opération qu'à l'air libre ou dans un fourneau propre à vous mettre en sureté. Quelques uns y joignent du borax ou quelqu'autre fondant, ce qui donne à cette opération une facilité qu'elle n'a pas. Je ne décide point ici si la sérénité de l'air contribue ou non au succès de cette opération.

SECTION V.

Du Beurre d'Antimoine.

I. P Renez parties égales d'antimoine & de mercure sublimé ; pulvérisez-les exactement, & les mêlez ; mettez le mêlange dans une cornue de verre, & distillez-le peu à peu au bain de sable. Il vient d'abord un peu de flegme, sur-tout, si comme quelques personnes le pratiquent, la matiére a été exposée à l'humidité de l'air : il vient ensuite un esprit acide, mais ces deux substances ne sont qu'en petite quantité ; peu après il s'éléve une liqueur épaisse, blanche ou jaune, qui s'amasse dans le col de la cornue, & qu'il faut faire couler en avant, en y présentant un charbon ardent, afin que la cornue ne se brise point. Jusques-là il ne faut pas employer un trop grand feu, de peur que le cinnabre ne s'éléve en même tems & ne se mêle avec le beurre d'antimoine. Enfin en donnant un degré de feu plus violent, le cinnabre s'éléve; on reconnoît qu'il a passé, lorsqu'on n'en voit plus rester en arriere, & que la partie de la cornue qui est enfoncée dans le bain de sable est redevenue claire.

II. Quand on veut avoir ce beurre dégagé de flegme & de toute matiére étrangere; il n'y a qu'à le remettre une seconde fois en distillation; ôter ce qui passe d'abord comme étant le plus foible, & séparer de même ce qui vient à la fin; on appelle cette matiére *beurre*, parce qu'elle est grasse & jaunâtre; ce n'est

autre chofe qu'un acide du fel
marin concentré uni avec le régule d'antimoine, comme on peut
s'en affurer par la réduction de
la chaux blanche qui s'en précipite par le moyen de l'eau fimple. On peut donc faire cette opération fans mercure fublimé, en
fe fervant uniquement de bon efprit de fel ; car le mercure n'y eft
pour rien ; mais comme l'acide
du fel marin eft très - concentré
dans le fublimé, il vaut mieux
l'employer. Le cinnabre ne fe fait
qu'accidentellement dans cette
opération ; il eft formé par le mercure du fublimé & le foufre de
l'antimoine ; & comme le foufre
de l'antimoine (j'entens le véritable & non celui qui eft imagi-
naire) ne différe aucunement du
foufre ordinaire, le cinnabre d'antimoine n'a rien qui le diftingue
d'un autre cinnabre.

SECTION VI.

Des autres préparations de l'Antimoine.

I. I L ne faut point confondre la mine d'antimoine avec la mine du régule d'antimoine; la mine du régule eſt l'antimoine crud; il ſe tire de la terre ou entiérement pur, ou mêlé avec des ſubſtances étrangéres, telles que le quartz, le *Kneuss*, la pyrite, la mine de cuivre, la mine d'argent rouge, &c. l'une & l'autre ſe nomme *mine d'antimoine*; mais, pour parler exactement, on ne devroit point appeller *mine d'antimoine*, mais ſimplement *antimoine foſſile* ou *natif* celui qui eſt pur & que l'on détache de ſa miniére avec

L iv

le marteau, * & ne donner le nom de mines *d'antimoine* qu'aux mines dont on tire l'antimoine par la fusion, ce qui donne *l'antimoine fondu (antimonium fusum)*; pour tirer l'antimoine de sa mine, enfoncez un pot ou un creuset dans la terre; mettez-y un couvercle percé d'un ou de deux trous; placez dessus un autre pot ou creuset percé par le fond; remplissez-le de mine d'antimoine grossiérement concassée; faites du feu par dessus & tout autour; l'antimoine qui entre aisément en fusion passe au travers de la mine concassée, & va se rassembler dans

* Ce que M. Henckel dit ici ne doit plus avoir lieu, puisque comme on a fait remarquer dans la note sur l'antimoine, 1ere. Partie, l'on a trouvé en Suede du régule d'antimoine natif, c'est-à-dire, ce demi-métal dégagé de soufre.

le pot ou creuset inférieur qui doit
se terminer en cône.

I I. Pour faire le *lapis de tri-
bus* ou le *lapis Pyrmieson* , prenez parties égales d'antimoine ,
d'arsenic blanc crystallin,& de soufre ; pulvérisez & mêlez le tout
bien exactement ; faites fondre ce
mélange à un feu modéré, en couvrant le creuset avec soin ; met-
tez-vous à l'abri de la fumée , &
prenez garde qu'il ne tombe du
charbon dans le mélange; quand
la matiére sera en fusion , remuez-
la pour voir si elle est parfaitement
fluide ; vuidez-la dans un vaisseau
de fer ; vous aurez une masse d'un
gris noir , qu'on prendroit pour
une scorie qui, écrasée, ressemble-
ra à de l'arsenic rouge ; si vous en
mettez un peu sur de l'argent en
fusion ; que vous coupelliez l'argent, & que vous en fassiez le dé-

L v

part par l'eau-forte, on prétend
que vous obtiendrez une chaux
d'or.

III. Le foufre d'antimoine ne
différe proprement en rien du foufre ordinaire ; quant à ceux qui
font avec l'antimoine un foufre
brun, jaune, ou rouge, il n'y a
qu'à leur demander fi ce qu'ils
en ont obtenu eft inflammable,
car fuivant la définition du foufre,
il doit avoir cette qualité ; on ne
peut donner une définition du foufre, fans y faire entrer l'inflamma-
bilité, ou fans en admettre autant
de définitionsqu'il y a de têtes fol-
les dans le monde, & finir par ne
plus s'entendre. Que l'on faffe
donc l'effai de ce prétendu foufre,
& l'on trouvera que c'eft ou du
régule ou de l'antimoine, avec la
feule différence qu'il a changé de
forme,

IV. Pour tirer le vrai soufre d
l'antimoine, il n'y a qu'à le pulvé
riser & verser dessus une dissolu
tion de sel alcali qu'on y fera bouil
lir, on le séchera ensuite à un feu
modéré ; on versera par - dessus
une dissolution d'alcali & de
chaux ; on la fera bouillir & sécher ; l'alcali rendu plus caustique
par la chaux se chargera du soufre
de l'antimoine. Faites-le dissoudre
de nouveau dans de l'eau ; filtrez
la dissolution, & distillez-la avec
du vinaigre, vous dégagerez par
ce moyen le soufre d'avec l'alcali. Pour les dissolutions dont on
vient de parler, il faut prendre de
la chaux, l'éteindre dans une eau
chargée de sel alcali, & les filtrer
ensemble, observation qui doit
aussi avoir lieu par rapport au sel
alcali fixe dont il a été parlé plus
haut. Ou prenez du tartre & de la

chaux, mêlez-les, après les avoir
écrafés groſſiérement ; faites-les
rougir dans un creuſet au fourneau
à vent, en donnant grand feu pendant long-tems juſqu'à ce qu'il
ne parte de la matiére ni flamme
ni fumée.

CHAPITRE II.
Du Bismuth.

SECTION PREMIERE.

De la façon de tirer le Bismuth de
sa miniére.

I. LE bismuth est un demi-
métal qu'on obtient en le tirant
de sa miniére par la fusion, & que
par conséquent il ne faut point
confondre avec la mine de bismuth.

II. On fait un lit de bois &
de charbon ; on y répand la mine
brisée en morceaux ; on y met le
feu, & le bismuth se met à couler,
comme feroit du mercure.

III. Comme la terre qui reste

du bifmuth donne une couleur d'un très-beau bleu, * & qu'il fe trouve ordinairement mêlé avec le cobalt & n'a point été entiérement diſſipé par le grillage, on le retrouve au fond des pots dans leſquels on a fait le faffre ou verre bleu, & on le nomme *Speiss* en Allemand ; cette matiére n'eſt point du bifmuth parfaitement pur; il eſt mêlé d'arſenic & d'autres fubſtances étrangéres.

IV. Les Allemans nomment *Wiſmuth-graupen* la terre ou pierre vitrifiable propre à faire du bleu, qui reſte au fond des vaiſſeaux ou pots.

* Il paroît aujourd'hui très-démontré que ce n'eſt point la terre du Bifmuth qui donne la couleur bleue du faffre ; le cobalt feul a cette propriété, qui eſt de l'eſſence de ce demi-métal.

SECTION II.

De la Calcination du Bismuth.

I. ELle se fait, 1°. par le nitre ; 2°. par le moyen de l'eau-forte.

II. Prenez une partie de bismuth pulvérisé, & de nitre quatre ou cinq parties ; portez ce mélange par cuillerées dans un creuset rougi pour le faire détonner ; ne couvrez point le creuset, en prenant garde cependant qu'il n'y tombe du charbon ; vers la fin de l'opération , il sera tems de le couvrir, car la matiére pourroit s'élever par-dessus ses bords ; lavez la matiére & vous aurez une chaux d'un gris clair.

III. Prenez une partie de bismuth, d'eau-forte trois ou quatre parties ; faites-en la dissolution à une chaleur modérée ; précipitez la diffolution par de l'alcali ou du fel marin qui vous donnera un précipité blanc que vous édulcorerez & fecherez. C'eft ce qu'on appelle *magiftere de bifmuth*. Les femmes s'en fervent en le mêlant avec de l'eau de pluie comme d'un cofmétique.

SECTION III.

De la Diffolution du Bifmuth.

CEtte diffolution fe fait dans l'eau-forte, dans l'eau régale, dans l'efprit de fel & dans l'acide vitriolique, mais les deux premiers acides font ceux qui réuffiffent le mieux.

CHAPITRE III.
Du Zinc.

SECTION PREMIERE.

De la formation du Zinc.

I. LE zinc n'a point de miniére particuliére *, comme le
régule de bifmuth & les autres
demi-métaux ; mais il eft formé
de plufieurs efpèces de minéraux
& de fubftances métalliques, &
fur-tout de plomb ; il y a même
des Minéralogiftes qui prétendent

* Voyez la note qui eft à la fin du premier Volume. La vraie mine du zinc eft la
pierre calaminaire & la blende ; c'eft à M.
Marggraff qu'on doit cette découverte.
Voyez les *Mémoires de l'Académie Royale
des Sciences de Berlin*, année 1748.

qu'on peut en féparer un vrai plomb, qui, fi cela eft vrai, feroit une dépuration du zinc.

II. Il ne s'en trouve qu'au Hartz, où la mine principale eft de la galene ou mine de plomb ; mais il y a lieu de croire qu'il s'en trouveroit auffi ailleurs, fi les fourneaux étoient conftruits de la même façon qu'au Hartz , & fi on ne les faifoit point travailler fi long tems ; en effet la matiére du zinc fe ramaffe dans toutes les fonderies où l'on traite du plomb ; dans la *cadmie* ou l'enduit qui s'attache aux parois des fourneaux , & dans la fubftance blanche & femblable à de la farine qui s'attache à la partie antérieure qu'on nomme l'*eftomach*. La cadmie colore le cuivre en jaune de la même maniére que le zinc.

Section II.

De quelques préparations du Zinc.

I. LE Zinc se calcine par lui-même, dans le feu ; il suffit de le fondre ; il brule comme du soufre, & a la même odeur que la cadmie ; quand cette opération se fait dans un creuset, il se couvre d'un enduit semblable à de la laine blanche ou à de la toile d'araignée ; ce qui l'a fait nommer *coton* ou *laine philosophique*.

II. Il se dissout non-seulement dans l'eau-forte, mais encore dans le vinaigre ; ce dernier phénomène n'arrive à aucune autre substance métallique *.

* M. Henckel n'ignoroit pas qu'il y a d'autres substances métalliques que le zinc, qui sont solubles dans l'acide du vinaigre. tel est le plomb, le cuivre, &c. mais il y

I I I. Quand on précipite cette diſſolution avec un alcali, on obtient une chaux de zinc.

a lieu de croire qu'il a voulu dire que le zinc ſe diſſolvoit dans le vinaigre avec une rapidité & une efferveſcence ſinguliére, phénomène qui lui eſt en effet particulier.

CHAPITRE IV.

De l'Arſenic.

SECTION PREMIERE,

De ſes différentes eſpéces.

I. L'Arſenic eſt un demi-métal; il a une vraie forme métallique, & ſe volatiliſe dans le feu; non-ſeulement on le trouve tout pur dans le ſein de la terre, comme on peut s'en aſſurer par l'arſenic teſtacé, ou par écailles; mais encore il ſe ſublime par l'action du feu, comme on le voit dans la pyrite arſenicale & dans le cobalt.

II. Il faut cependant que l'ar-

ſenic participe un peu de la nature du ſel , puiſqu'en le faiſant
bouillir dans l'eau, il lui communique quelque choſe de ſa nature.

III. Il n'eſt rien moins qu'un
ſoufre, & cette dénomination que
quelques Auteurs lui donnent, ne
convient ni à l'arſenic blanc , ni à
l'arſenic rouge ; car ce qu'on
nomme *ſoufre doré* eſt un compoſé d'arſenic & de ſoufre ; cependant l'arſenic par la propriété qu'il
a de s'enflammer paroît être d'une
nature ſulfureuſe.

IV. On pourroit plutôt l'appeller un *mercure* ; car 1°. il eſt métallique ; 2°. il eſt volatil ; 3°. il
forme une ſubſtance rouge avec
le ſoufre , comme fait le mercure
dans le cinnabre ; 4°. dans nos
mines , ainſi que dans beaucoup
d'autres , au défaut de mercure, il
remplit les fonctions de cet être

qui , suivant toutes les apparen-
ces, eſt la matiére conſtitutive
des métaux.

V. Il n'y a proprement qu'une
eſpèce d'arſenic dans la nature ;
c'eſt l'arſenic ſous forme métallique ; mais ſi l'on a égard à ſes différentes formes & combinaiſons ,
on en trouvera de pluſieurs ſortes ,
& il y aura 1°. l'arſenic proprement
dit , c'eſt-à-dire, celui qui eſt métallique ; 2°. la chaux d'arſenic ,
ſubſtance farineuſe , blanche , ou
griſe , qui s'éleve dans le grillage
ou dans la fuſion de la mine d'arſenic ; 3°. l'arſenic cryſtallin blanc
qu'il eſt rare de trouver natif ;
4°. l'arſenic jaune ou l'orpiment ;
5°. l'arſenic rouge ou le *réalgar*.

Section II.

Comment & d'où l'on tire l'Arsenic.

I. L'Arsenic se tire 1°. de la pyrite blanche qu'on nomme en Allemand *Mispikkel* ou pyrite arsenicale ; 2°. du cobalt ; 3°. de la mine d'argent rouge ; 4°. de l'orpiment naturel ; 5°. de l'arsenic testacé, qui est de l'arsenic tout pur ; 6°. de l'arsenic blanc qu'on trouve dans la mine sous la forme d'une farine ; 7°. de celui qu'on trouve dans les mines d'étain.

II. On recueille l'arsenic en faisant griller la mine arsenicale, & en recevant la fumée qui s'en éléve, dans des conduits ou cheminées auxquelles il s'attache ; ce travail se fait en grand. Ou bien on traite la pyrite arsenicale, par exemple,

exemple, dans des cornues, de la
même maniére que quand il s'a-
git d'en tirer le ſoufre ; & pour
lors on l'obtient ſous la forme
métallique qui lui eſt propre. Ou
enfin ſi on le traite à feu doux
dans les vaiſſeaux fermés , il s'é-
leve ſous la forme d'une pouſſiére
ou poudre blanche.

III. L'arſenic en farine & le
cryſtallin ſe réduiſent, c'eſt-à-dire,
prennent la forme métallique,
1°. par le moyen du fer qu'on fait
rougir & ſur lequel on met de
l'arſenic ; alors il forme une combinaiſon ſemblable à celle de la
pyrite blanche arſenicale ; 2°. par
le flux noir ; dans cette opération
à peine la farine arſenicale eſt-
elle réduite que l'arſenic qui eſt
ſous ſa forme métallique ſe décompoſe de nouveau , de maniére
qu'on ne tient rien , ſi l'on ne

donne pas un feu rapide & qu'on
ne vuide promptement le creufet. Prenez parties égales d'arfenic
blanc & de flux noir, de favon de
Venife & d'alcali, de chacun une
demi-partie ; mêlez le tout ; por-
tez-le par cuillerées dans un creufet rougi , & vuidez le creufet
promptement. Quelques-uns y
joignent encore du fer ; & cette
méthode revient à la première
maniére de réduire l'arfenic dont
nous avons parlé.

IV. L'arfenic cryftallin fe forme , lorfque vers la fin de l'o-
pération la violence du feu fait
fondre l'arfenic en farine, qui s'é-
toit fublimé au commencement.

V. L'arfenic jaune ou l'orpiment fe fait en joignant avec l'arfenic en farine un quarantiéme, un
cinquantiéme ou un foixantiéme
de foufre, & mettant ce mélange
à fublimer.

VI. L'arſenic rouge , qu'on nomme auſſi *réalgar* , *ſandarac minéral* , ou *orpiment factice* , demande une plus grande quantité de ſoufre que l'arſenic jaune.

VII. Ces combinaiſons réuſſiſſent après que l'arſenic & le ſoufre ont été tirés de leurs miniéres , & lorſqu'on les emploie après les en avoir ſéparés ; mais le procédé eſt moins ſatisfaiſant , ſi l'on préfere l'arſenic cryſtallin à celui qui eſt en farine ; l'opération ſe fait encore mieux quand on emploie les mines elles-mêmes ; par exemple , ſi on mêle enſemble la pyrite arſenicale avec la pyrite ſulfureuſe ; mais jamais elle ne ſe fait avec tant de facilité que lorſqu'on peut ſe ſervir d'un minéral , tel qu'une pyrite qui eſt à la fois arſenicale & ſulfureuſe , & où l'arſenic & le ſoufre ſont déja com-

binés. Prenez trois ou quatre parties de pyrite arsenicale & une
partie de pyrite sulphureuse ; pulvérisez-les grossierement ; mêlez-
les ensemble & les mettez à sublimer. Ou bien prenez de la mine d'arsenic par écailles trois parties ; de la pyrite sulphureuse une
partie ; ou de soufre une demi-
partie ; ou bien prenez de la pyrite arsenicale quatre parties, &
de scories sulphureuses une partie ; pulvérisez, mêlez, & subli-
mez.

SECTION III.

De la dissolution de l'Arsenic.

I. L'Arsenic ne se dissout jamais
plus aisément, ou n'est jamais plus
aisé à extraire par un dissolvant
que, lorsqu'il est minéralisé, com-

me il l'eſt dans la pyrite arſenicale;
il ſe diſſout moins facilement,
quand il eſt ſous une forme cryſtal-
line, ou comme fondu en une
maſſe.

II. Le mercure ne le diſſout
en aucune façon.

III. Quoique tous les acides
en détachent quelque choſe, il
n'y en a cependant point qui lui
convienne mieux que celui du nitre; quand on a mis en diſſolution dans cet acide, de l'orpiment
ou de la pyrite arſenicale, ce diſſolvant évaporé prend une conſiſtence de gelée, & ce phénomène
mérite d'être remarqué.

M iij

✳✳✳✳✳✳✳✳✳✳✳✳✳✳✳✳✳✳✳✳✳✳✳✳

LIVRE CINQUIEME.

Des différentes Opérations sur les Métaux.

CHAPITRE PREMIER.

De la calcination des Métaux.

SECTION I.

De la calcination à l'air.

I. CAlciner un métal, c'est lui enlever sa forme métallique, & lui faire prendre celle d'une poudre en général ; la *combustion*, *l'incinération*, la *terrification* ou la *destruction* d'un métal, sont des ter-

mes synonymes ; cependant l'incinération ou réduction en cendres n'a lieu qu'à l'aide du feu. Il
est vrai que la chaux est aussi une
substance préparée par le feu ;
mais on se sert aussi du nom de
chaux pour désigner un métal qui
a été précipité d'une dissolution
fluide. * Quand il est question du
fer, le mot de *terrification* ou chan-
gement en terre conviendroit le
mieux ; car c'est de tous les métaux, celui qui a le plus d'analogie avec la terre ; cependant on
lui donne plus ordinairement le
nom de saffran, (*crocus*), ou de
rouille.

I I. L'or & l'argent font fixes
& ne souffrent aucune altération
ni à l'air ni dans le feu.

* C'est improprement qu'on lui donne le
nom de chaux ; le terme le plus usité dans
ce cas est celui de *précipité.*

M iiij

I I I. Le régule d'arfenic expo-
fé à l'air libre devient terne ; mais
quand il eft renfermé dans la terre, ou entaffé, il fe couvre d'une
poufliére blanche.

I V. L'air ne fait aucune im-
preffion fur le zinc, le régule
d'antimoine, le bifmuth, le mercure & l'étain.

V. Il réduit le cuivre en verd-
de-gris, même lorfqu'il eft encore minéralifé ; alors on lui donne
le nom de *verd de montagne*, de
bleu de montagne, ou de *chryfocolle*.

V I. L'air agit très-puiffam-
ment fur le fer qu'il réduit en terre.

V I I. Le plomb fe change à
l'air en une efpèce de cérufe.

SECTION II.

De la calcination par le Feu.

I. CEtte calcination se fait, ou *per se*, c'est-à-dire, sans addition, ou par l'addition de quelque sel, & sur-tout du nitre, ou même du sel marin.

II. L'or & l'argent ne se calcinent point dans le feu ; ils y sont dans leur élément, comme on le dit de la salamandre.

III. Le cuivre, le plomb, l'étain & le fer s'y calcinent, & y sont changés en une espèce de cendre.

IV. Le régule d'antimoine, le bismuth & l'arsenic se réduisent en une chaux volatile qui s'élève comme une fumée.

V. Le zinc donne aussi dans le

M v

feu quelque portion d'une terre volatile ; c'eſt ce qu'on nomme *fleurs de zinc* ; cependant il s'attache à des endroits aſſez voiſins du feu, & en ſoutient un degré très-fort.

VI. Le mercure n'a pas beſoin de beaucoup de feu pour développer ſa rougeur intérieure ; mais il demande pour cela un certain tour de main.

Section III.

De la calcination des Métaux par les Sels.

I. CEtte opération ſe fait ou par la voie ſeche ou par la voie humide.

II. Par la voie ſeche, c'eſt-à-dire, à l'aide du feu. On calcine les métaux ou, 1°. par le feu ſeul,

ou 2°. par le feu & les fels à la
fois.

III. Nous avons parlé dans
la Section deuxiéme de la calcination par le feu; il eft maintenant
queftion de celle qui s'opère par
les fels.

IV. Le nitre décompofe &
calcine tous les métaux, à l'exception de l'or & de l'argent; il
ne produit point non plus cet effet fur le mercure, parce qu'il fe
diffipe trop promptement.

V. Le fel marin facilite la calcination des métaux par fon acide
qui contribue à les ronger plus
promptement.

VI. Par la propriété que le
fel marin a de rendre l'or aigre
& caffant, on pourroit mettre en
queftion fi cet effet ne feroit pas
un commencement de deftruction
de fon état métallique (*metal-
leitas.*) M vj

VII. Que dira-t-on de la calcination de l'or, de l'argent, &
des autres métaux par *l'hepar ſul-*
phuris * ?

VIII. Les métaux ſont ré-
duits en chaux ou en terre par la
voie humide, lorſqu'on les a pré-
cipités de la liqueur dans laquelle
ils étoient en diſſolution.

IX. Quant à l'or, on ne peut

* L'alcali ne ſert dans ce cas qu'à donner des entraves au ſoufre, afin qu'il ne
ſe diſſipe pas; mais c'eſt le ſoufre lui-même qui agit; il y a lieu de croire que c'eſt
par ſon acide que ſe fait la calcination dont
il eſt queſtion; car cette action ne peut être
attribuée au phlogiſtique qui n'a point la
propriété de mettre les métaux dans l'état
de chaux, mais qui en fait la réduction en
métal, lorſqu'ils ſont calcinés. Peut-être
auſſi que cette calcination eſt opérée par
toutes les parties du ſoufre à la fois; il y
a même tout lieu de le préſumer, puiſque
non-ſeulement le ſoufre peut être précipité en entier, de *l'hepar*, mais encore par
ce qu'en brûlant dans le feu, lorſqu'il eſt
uni à la chaux de l'or, il manifeſte ſes
propriétes de ſoufre.

toutefois donner le nom de chaux qu'au précipité qui s'en fait par le moyen de l'étain. L'argent précipité par le cuivre est encore dans l'état métallique, & le mercure précipité par le cuivre dans l'eau-forte comme un vrai Protée, se remet sous sa forme naturelle.

CHAPITRE II.

De la réduction ou métallisation des chaux métalliques.

Comme la calcination des métaux consiste à leur enlever le phlogistique qui leur donne leur état métallique, la réduction ou métallisation n'est qu'une restitution de l'état métallique par le moyen du phlogistique.

Le phlogistique ou principe inflammable est tout ce qui a la propriété de s'enflammer dans les règnes végétal & animal, comme le bois, le charbon, la résine, la poix, la corne, les cheveux, les plumes, les huiles, &c. il ne faut point mettre ici le soufre, parce qu'indépendamment du

phlogiſtique, il eſt encore chargé de beaucoup d'acide minéral,
& par conséquent d'une combinaiſon peu propre à métalliſer
la chaux des métaux; & qu'au contraire il les minéraliſe eux-mêmes.

I. La chaux d'or faite par l'alcali fixe ſe réduit ſans addition.

II. L'or fulminant doit d'abord
être trituré avec deux parties de
ſoufre, & enſuite brulé ; en donnant un grand feu on obtient ce
roi des métaux ſous ſa premiére
forme.

III. La réduction de la chaux
d'or pourpre qui a été faite par le
moyen de l'étain ſe fait à la coupelle, à l'aide du plomb qui met
l'étain en ſcorie ; il n'eſt pas beſoin de phlogiſtique pour cette réduction. Cependant l'or peut auſſi ſe rétablir dans ſon état naturel
par le moyen de la fritte de verre,

parce que de cette maniére la portion d'étain se vitrifie.

I V. Le précipité d'argent fait avec le cuivre, fond de lui-même; ce n'est point une chaux, c'est de l'argent en petites lames deliées.

V. La chaux d'argent faite par le sel matin est une vraie chaux que sa fusibilité distingue de tous les autres métaux ; pour en faire la réduction, il faut la triturer avec partie égale d'alcali fixe ; mettre le mélange dans un creuset rougi ; & quand il commencera à entrer en fusion, le couvrir avec de la poix en quantité suffisante, ce qu'on réitere plusieurs fois.

V I. Les chaux de plomb, de régule d'antimoine & de bismuth se réduisent très-facilement par la seule addition du charbon.

V I I. La chaux de zinc de-

mande un phlogistique prompt &
gras, tel que la poix.

VIII. Il en est de même pour
la chaux d'étain.

IX. La cendre ou chaux de
cuivre & la rouille de fer ont la
propriété de devenir encore plus
réfractaires & plus difficiles à fondre par elles-mêmes (*per se*),
si on les laisse trop long-temps
exposées à l'action du feu ; après
qu'elles ont commencé à se réduire en métal, elles se remettent
aisément de nouveau en chaux ;
ou si on y joint un fondant, comme du flux noir, du verre, de la
poix, de l'huile de lin, elles se
vitrifient ou se changent en scori-
ries : il ne faut cependant point
se servir de trop d'alcali, parce
qu'il opère sur le champ une nouvelle décomposition ; le meilleur
moyen pour y remédier, c'est de

faire, suivant l'expérience de Becher, la réduction avec de l'argille & de l'huile de lin dans un vaisseau fermé. On peut, par exemple, traiter un saffran de Mars avec le flux noir, & y joindre un peu d'huile de lin.

X. En parlant de l'arsenic, on a dit la maniére de réduire celui qui est en farine.

XI. Quant au mercure, il se réduit de lui-même.

CHAPITRE III.

De la minéralisation des Métaux.

I. UN minéral métallique n'est autre chose qu'un métal qui est pénétré, ou étroitement uni & combiné soit avec du soufre, soit avec tous les deux à la fois.

II. Je dis exprès *minéral métallique*, pour désigner une combinaison dans laquelle il n'entre que peu ou point de terre non-métallique, mais dans laquelle le métal domine : en effet il est impossible de faire artificiellement un morceau de mine qui soit composé, pour la plus grande partie, de substances & de terres non-métalliques, & dans lequel il n'y ait qu'une petite portion de métal.

III. Minéralifer n'eſt donc autre choſe que combiner enſemble,
à l'aide du feu, un métal avec du
ſoufre, ou avec de l'arſenic, ou
avec l'un & l'autre à la fois,
ſoit par la ſublimation, ſoit par la
fuſion.

IV. Cependant il eſt plus aiſé
de combiner un métal avec du
ſoufre qu'avec de l'arſenic; & même je ne connois que le fer qui
fourniſſe un exemple de la miné-
raliſation de la ſeconde eſpèce.

V. D'un autre côté, le fer &
le cuivre ne ſe minéraliſent point
avec le ſoufre; car quoiqu'ils s'y
uniſſent, comme on le voit dans
l'*æs uſtum*; cependant ils ne forment point avec lui une combinaiſon ſemblable à celle d'une
pyrite ou d'une mine de cuivre;
mais ces métaux donnent un mixte, tel qu'il ne s'en trouve point

dans les ateliers de la nature.

VI. Je ferois charmé que quelqu'un m'apprît à faire de la mine d'argent rouge , & fçavoir par quel procédé on pourroit parvenir à faire avec l'arfenic & l'argent une combinaifon d'un rouge de rubis.

VII. Les livres font remplis de prétendus procédés pour avoir artificiellement des minéraux ; mais voici les feuls fur lefquels on puiffe compter.

VIII. Pour faire la *mine d'argent vitreufe*, prenez de cinnabre deux à trois parties ; de limaille d'argent une partie ; mettez-les par couches, *ftratum fuper ftratum,* dans un vaiffeau fermé ; donnez un feu qui le faffe rougir obfcurément ; & continuez jufqu'à ce que le mercure foit entiérement diffipé, & que le foufre fe foit uni à

l'argent avec lequel il a plus d'af-
finité qu'avec le mercure ; il faut
cesser le feu à tems ; sans quoi le
soufre finiroit aussi par se dégager
de l'argent.

IX. L'argent natif doit être
mis au rang des minéraux, puis-
qu'il se trouve tout formé dans le
sein de la terre ; cependant bien
des Minéralogistes prétendent
qu'on le doit regarder comme un
métal, & non comme un minéral, mais cela ne suffit pas ; car
lorsqu'on le met en fusion, il
souffre du déchet. On dira peut-
être que ce déchet vient d'une
portion d'argent qui s'est dissipée :
pour moi je pense que c'est un
effet de l'arsenic ; chacun est maî-
tre d'en penser ce qu'il voudra.
Qu'on prenne de la mine d'argent
rouge ; qu'on la fasse passer pendant deux ou trois semaines par

un feu gradué , prefque jufqu'au point de rougir obfcurément ; jamais on n'aura joui d'un plus beau fpectacle ; l'argent fe montrera fous la forme de cheveux entortillés comme de la laine.

X. Pour imiter la galene , mettez peu à peu des morceaux de foufre dans un creufet rougi obfcurément , où il y aura du plomb fondu ; remuez avec un bâton ; retirez à tems ; & vous aurez une mine de plomb à petits grains.

XI. L'antimoine fe fait de la même maniére.

XII. Nous avons donné plus haut la façon de faire le cinnabre.

XIII. La pyrite arfenicale (*Mifpikkel*) , l'imite , en faifant rougir fortement des petits morceaux de fer , y joignant de l'arfenic cryftallin pulvérifé , & mettant à fondre le mêlange.

XIV. On ne peut contrefaire la mine d'étain ; mais si on traite l'étain comme le plomb, avec du soufre, on obtient une substance noire qui approche assez d'un minéral ; mais qui n'a pas de semblable dans la nature.

CHAPITRE

CHAPITRE IV.

De la précipitation des Métaux.

I. Par précipitation, je n'entends point ici celle qui se fait des métaux après qu'ils ont été diffous dans des acides, & par laquelle ils tombent fous la forme d'une poudre ; mais je parle de la précipitation par laquelle ils quittent la forme d'un minéral & se dégagent du foufre pour paroître fous celle d'un métal ; ce qui fait la bafe des connoiffances de la Métallurgie.

II. Nous en avons des exemples dans l'antimoine dont on précipite le régule par le moyen du fer ; dans la mine de plomb,

II. Partie. N

(méthode qui eſt de mon inven-
tion) & dans la mine d'argent
vitreuſe.

III. Faites rougir fortement
trois parties de clous de fer ; ajoutez-y quatre ou cinq parties de
mine de plomb pulvériſée groſſiérement ; couvrez votre creuſet ; faites fondre le tout ; vuidez
la matiére, & vous aurez vôtre
plomb avec l'argent ; on pourra
ſe ſervir d'un peu d'argent qui
ſera reſté dans les ſcories, comme
d'une matte dans une autre opération.

IV. On ſuit le même procédé
pour la mine d'argent vitreuſe qui
eſt de l'argent combiné avec du
ſoufre ; il faut ſeulement y mettre
moins de fer ; un ſixiéme ou un
huitiéme ſuffira ; de cette façon
l'on obtiendra l'argent pur ; c'eſt
un départ par la voie ſeche.

V. Pour opérer, il faut sur-tout sçavoir comment un métal agit sur un autre ; le plomb & l'étain, par exemple, précipitent le régule d'antimoine ; le cuivre dégage le plomb du soufre ; l'étain précipite aussi le plomb jusqu'à un certain point ; mais c'est le fer qui l'emporte sur tous les autres dans le fourneau ; & quand il s'est chargé du soufre ou de l'arsenic, il ne demande point d'intermede, mais il s'en dégage de lui-même.

VI. Toutefois il ne faut pas attendre une très-grande exactitude dans la séparation des métaux qui se fait par la voie de la précipitation ; en traitant ainsi le plomb, l'étain, le cuivre & le régule d'antimoine, le métal précipité retient quelque chose de ce qui a servi à le précipiter ; mais le fer

se charge de tout le soufre, & c'est
sur lui que roule toute l'opération.

VII. Prenez d'étain ou de
plomb une partie que vous ferez
fondre ; joignez - y deux parties
d'antimoine pulvérisé grossiérement ; quand le mêlange sera bien
fondu, au point de pouvoir le remuer avec un bâton, vous le vuiderez ; vous aurez un régule d'antimoine, & le plomb ou l'étain seront unis au soufre dans les scories.

VIII. Prenez deux parties des
scories de l'opération précédente,
qu'il faut regarder comme du
plomb & de l'étain sulfuré, ou
comme un minéral ; de lames de
cuivre une partie ; quand vous aurez fait rougir le cuivre, mettez-
y les scories ; faites fondre ce
mêlange, &c. par ce moyen vous
aurez dégagé le plomb ou l'étain
du soufre qui tombera au fond

comme un régule ; le cuivre fera uni avec le foufre, & formera une fcorie.

IX. Prenez deux parties des fcories précédentes, & une partie de petits morceaux de fer, ou même moins; faites comme dans l'opération précédente; vous aurez un régule de cuivre, & le fer fera dans les fcories.

X. On voit par-là que le fer eft le principal précipitant, comme on l'a pu remarquer auffi dans les exemples précédens. Prenez de clous de fer deux onces; de galene ou mine de plomb quatre onces & demie; faites l'opération comme pour le régule d'antimoine martial, & vous aurez tout d'un coup le plomb avec l'argent qu'il contient.

XI. Prenez des clous de fer quatre parties ; de la mine d'ar-

gent vitreufe fix à fept parties;
procédez comme ci - devant; &
vous aurez un départ de l'argent
par la voie feche, auffi exact qu'il
eft poffible.

CHAPITRE V.

De la vitrification des Métaux.

I. LE mot de *verre* se prend ici dans une signification étendue, & l'on entend une scorie pure, compacte & transparente.

II. La vitrification est une fusion de parties terreuses, par laquelle elles forment un corps compacte, brillant & transparent, forme qu'aucun être dans la nature ne peut lui enlever. Elle se fait de deux maniéres ; 1°. *per se*, sans addition ; 2°. au moyen d'un fondant ou d'une substance fusible, qui communique cette qualité.

Section. I.

De la vitrification per fe.

I. C'Eſt à cette vitrification que doivent être principalement rapportées les expériences faites au feu du foleil, par le moyen des miroirs ardents ; ce feu a la propriété de changer en verre la plûpart des corps, tandis que le feu ordinaire n'eſt point en état de produire le même effet.

II. Dans les ſixiéme & ſeptiéme Livres, nous dirons quelque choſe de la vitrification des terres & des pierres.

III. Parmi les métaux, il n'y a que l'étain, le plomb, le régule d'antimoine & le cuivre qui ſe vitrifient au plus grand feu du fourneau à vent.

IV. C'est le plomb qui se vitrifie le plus aisément ; il se change en un verre transparent , ce
qui le distingue de tous les autres métaux. Les Fondeurs en feroient une fâcheuse expérience,
si le phlogistique des charbons ne
remédioit à cet inconvénient.

V. Le régule d'antimoine ne
se vitrifie pas si aisément que le
plomb ; cependant le verre d'antimoine est aussi transparent que
celui du plomb, quand l'opération a été bien faite.

VI. Le cuivre se change en
une scorie rougeâtre , ce qui arrive souvent plus promptement que
le Fondeur ne s'y attend ; sur-tout
si le feu a langui dans le commencement de l'opération , & a
donné au cuivre le tems de se
calciner.

VII. L'arsenic donne d'abord

dans le feu une chaux volatile, qui, quand le feu l'approche de plus près, se change en verre.

SECTION II.

De la vitrification des Métaux avec addition ou fondant.

I. LE fondant dont il s'agit ici est une fritte ou compoſition de verre faite avec de l'alcali fixe & une terre vitrifiable, telle que du ſable, du caillou ou du quartz.

II. Le métal pour être employé doit être dans l'état d'une terre ou de chaux.

III. Si l'on a pris trop d'alcali, comme cela arrive communément dans les Verreries, on n'aura qu'un verre commun coloré par le métal. C'eſt ce qui arrivera, par exemple, ſi on a compoſ-

sé la fritte de deux parties de cailloux & d'une partie de sel alcali.

IV. Si l'on a pris une portion
d'alcali beaucoup trop forte, comme c'est le défaut des Verriers
intéressés ou paresseux , ce verre
se décomposera à l'air, & sera su-
jet à se fendre.

V. Si l'on n'a fait entrer qu'un
quart d'alcali & trois quarts de
cailloux ; le verre sera très-com-
pacte , très-dur & fera feu , si
on le frappe avec un briquet.

VI. Lorsque ce verre est blanc,
on lui donne le nom de crystal ,
& il le méritera à plus juste titre
que le verre blanc commun à qui
on le donne ordinairement.

VII. Si on veut colorer ce
crystal ou même du verre commun , il faut se servir de métaux &
de terres ou chaux métalliques.

VIII. Il n'y a dans ce genre,

aucune couleur plus difficile à obtenir que celle qui imite le rubis;
cependant tout le secret consiste
à n'employer pour faire le précipité rouge de l'or, que de l'eau bien
pure, & avoir fait dissoudre son
étain dans de l'eau régale. On
prend pour cet effet de cailloux ou
de sable deux ou trois parties;
d'alcali une partie ; de pourpre
minéral quatre grains, sur une
demi - once de fritte de verre ; on
mêle exactement ces substances ;
on les met en fusion dans un fourneau à vent. Souvent ce verre est
rouge au sortir du fourneau ; mais
ordinairement il en sort blanc ;
pour lors il ne s'agit que de le recuire ou de le faire rougir de nouveau.

I X. La cendre ou chaux de
cuivre donne au verre une couleur verte comme celle de l'émeraude.

X. Il en est de même du verd-de-gris & de la chaux de cuivre faite par le mercure, ainsi que du cuivre qui, après avoir été dissout dans l'eau-forte, a été précipité par un alcali fixe.

XI. La chaux ou le précipité de cuivre fait par sa dissolution dans l'alcali volatil, ou qui a été précipité de la dissolution dans l'eau-forte, par l'alcali volatil, donne au verre un bleu de saphir qui tire cependant ordinairement un peu sur le verd.

XII. La cendre ou chaux d'étain colore le verre en jaune ; mais ce verre est un peu trouble, comme le verre qui imite l'opale, dans lequel on fait entrer des os calcinés.

XIII. La rouille de fer donne ordinairement un verre noir.

XIV. L'ochre ou terre martiale le rend moins obfcur.

XV. La mine de bifmuth & le cobalt donnent au verre un bleu très-vif.

XVI. La manganèfe ou ma-gnéfie le rend d'un bleu violet.

XVII. Pour la quantité de chaux métallique qu'on doit mê-ler avec la fritte du verre, il faut confulter la couleur plus ou moins vive qu'on voudra donner au ver-re ; cependant en général il faut qu'elle foit environ de 1. jufqu'à 6. grains par demi-once.

Expériences fur la Vitrification.

I. JE pris de la pourpre minéra-le deux grains ; d'alcali fixe & de cryftal de roche de chacun deux fcrupules ; je mêlai bien ces matiéres ; je donnai le feu le plus violent ; le mélange entra très-bien en fufion, & jobtins un verre d'un brun rougeâtre ; un peu trouble.

I I. De pourpre un grain de la fritte du n°. 1. & j'eus un verre peu différent du précédent.

I I I. De poupre un demi-grain de la fritte du n°. 1. & j'eus un verre violet & d'un brun rougeâtre. *N. B.* L'alcali ayant été un peu humide, le mélange ne s'en est pas fait exactement.

I V. De la chaux d'or faite par l'huile de vitriol 1. grain, de la fritte du n°. 1. & j'eus un verre blanc & transparent qui, mis à recuire, devint rouge.

V. De pourpre un grain, de sable deux scrupules, d'alcali un demi-scrupule ; & j'eus un verre blancheâtre tirant sur la couleur de la fleur de pêcher, & trouble.

V I. De pourpre un grain, d'alcali & de sable de chacun deux

fcrupules ; & j'eus un verre rouge
tirant fur la couleur de fleur de
pêcher , ayant des taches trou-
bles.

VII. De pourpre un grain ,
d'alcali un fcrupule , de fable
deux fcrupules me donnerent un
verre avec des bulles , & de couleur de chair.

VIII. De la potaffe & de la
fritte du n°. 1. me donnerent
un verre d'un bleu très-vif.

IX. Un grain de chaux de
cuivre précipitée de l'eau-forte
par l'alcali volatil, & de la fritte
du n°. 1. & j'eus un verre bleu
comme le précédent n°. 8. cependant il étoit un peu plus clair.

X. Un grain de chaux d'étain
faite par le nitre , & de la fritte
du n°. 1. me donnerent un verre
d'un blanc pâle un peu trouble.

XI. Un grain de chaux d'antimoine faite par le nitre & de la fritte du n°. 1. me donnerent un verre blanc clair & tranſparent comme le verre ordinaire.

XII. Chaux de zinc un grain, & de la fritte du n°. 1. & j'eus un verre rempli de bulles, blanc, & un peu trouble.

XIII. De la chaux de biſmuth faite par le nitre un grain, & de la fritte du n°. 1. & j'eus un verre blanc tout ſimple.

XIV. De manganèſe trois grains, de la fritte du n°. 1. me donnerent un verre d'un bleu violet.

XV. De manganèſe ſix grains, de la fritte n°. 1. & j'eus un verre d'un violet foncé & tranſparent.

XVI. Du caillou rouillé & d'alcali de chacun deux ſcrupules, me donnerent un verre d'un verd céladon.

✻✻✻✻✻✻✻✻✻✻✻✻✻✻✻✻✻✻✻✻✻✻

LIVRE SIXIEME.

CHAPITRE PREMIER.

Du Soufre & des substances sul-
phureuses.

I. LE soufre est un minéral
composé d'un acide qui lui est
propre, (c'est le même que celui
qui se trouve dans le vitriol,) &
d'une terre inflammable.

II. Tout ce qui n'a point les
qualités énoncées dans cette définition, ne doit point être regardé
comme du soufre ; ainsi il ne faut
point donner ce nom aux substances qui ne font qu'inflammables,
telles que font toutes les substan-

ces animales ou végétales, quand bien même il s'y trouveroit un acide comme dans le fuccin, l'afphalte, l'ambre, &c. fi cet acide n'eft pas vitriolique.

III. Il faut encore moins placer ici les fubftances qui ne contiennent aucun acide, & qui ne font pas inflammables, quoique quelques Chymiftes prodiguent le nom de foufre à des chaux métalliques, à des terres, à des fublimations & à d'autres produits, dont ils ne confultent que la couleur; & que ces fubftances fe réduifent en métal par l'addition du phlogiftique, ce qui démontre qu'elles ne peuvent être regardées que comme des métaux décompofés.

SECTION I.

De la maniére de faire du Soufre minéral.

1. PRenez du sel de Glauber, ou de l'*arcanum duplicatum*, ou du tartre vitriolé, ou du sel des acidules, tel que de celles d'Egra, d'Epsom, &c. En un mot, prenez un sel quelconque, pourvû qu'il contienne de l'acide vitriolique combiné avec un alcali, soit du règne végétal, soit du nitre, soit du sel marin, soit avec celui des eaux minérales ; joignez-y parties égales ou un peu moins de potasse ou de sel de tartre, ou de flux noir des Essais, pour que le mélange entre mieux

eh fufion ; faites fondre le tout dans un creufet & à un feu affez fort ; mettez-y de la pouffiére de charbon, ou laiffez-y tomber peu à peu des morceaux de charbon enflammé ; vuidez votre creufet ; faites diffoudre la matiére dans de l'eau de fontaine ; filtrez la diffolution ; précipitez-la avec du vinaigre ; elle deviendra d'un blanc laiteux & au bout de quelque tems le foufre qui a été formé dans cette opération fe dépofera fous la forme d'une poudre blanche, qu'on pourra ou fondre, ou fublimer ou mettre fur un charbon ardent, pour s'affurer que c'eft du foufre.

II. Dans cette opération, l'acide vitriolique a befoin d'être uni avec un alcali, afin de pouvoir foutenir l'action du feu affez long-temps pour se combiner avec le phlogistique.

III. Le phlogistique doit être rougi & pénétré par le feu pour être mis en action ; on peut employer de la graisse, de la poix, &c.

IV. Comme le soufre est composé d'un acide & de phlogistique, ainsi que son analyse le démontre ; & qu'il a la propriété de s'enflammer & de donner un esprit acide, on voit que dans notre opération, il a été produit par l'union de l'acide vitriolique & du phlogistique.

V. Dans une opération, quand on est affecté d'une odeur de soufre, ou qu'on la trouve dans un minéral ou dans une eau, sans qu'on y ait mis du soufre, & sans qu'au commencement on se soit apperçu qu'une eau eût une odeur d'œufs pourris ou de poudre à canon, ou *d'hepar sulphuris*; on n'en est pas moins autorisé à croire qu'il y a du soufre, & qu'il s'y est formé.

CHAPITRE II.

De la façon de tirer le Soufre des Minéraux qui le contiennent

I. LEs minéraux principaux qui contiennent le soufre, sont 1°. la pyrite ; 2°. la mine de cuivre jaune, ou la pyrite cuivreuse ; 3o. la mine de plomb ; 4°. la mine d'argent vitreuse; 5°. l'antimoine; 6°. le cinnabre.

II. Il s'agit ici sur-tout de la pyrite & de la mine de cuivre ; non-seulement parce que le soufre s'y trouve en plus grande quantité ; mais parce que ce sont les substances dont on le tire le plus aisément, & que rien ne se trouve par-tout en plus grande abondance que la pyrite.

III.

III. Les autres mines de foufre font ou trop précieufes , comme la mine d'argent vitreufe & le
cinnabre ; ou en leur enlevant le
foufre, elles ne feroient plus propres à d'autres opérations ; telle
eft, par exemple , la mine de
plomb dont le foufre fert dans la
fonderie à développer d'autres mines , & la matte qu'on obtient par
la première fufion ; ou bien enfin
ces mines ne donnent point un
foufre pur , ou ne s'en dégagent
que difficilement ou point du tout,
comme l'antimoine & le cinnabre.

IV. Prenez de la pyrite jaunâtre (*fubflavi*) ; concaffez-la
groffiérement , afin qu'elle ne faffe point une maffe compacte ;
rempliffez-en aux deux tiers , ou
même un peu moins , une cornue
de terre, luttée; adaptez-y un réci-

pient qui contienne de l'eau ;
donnez par degrés un feu qui faffe rougir la cornue par-deffus &
par deffous ; le foufre fe diftille-
ra comme une matiére réfineufe,
& ira tomber dans l'eau ; il fera
gris ; & on l'appellera foufre *crud*
ou *caballin*. Le réfidu fera une poudre rouge qui ne contiendra plus
rien, ou du moins très-peu de chofe ; dans le travail en grand on
ne fe donne pas la peine de tirer
le foufre de la pyrite avec tant
d'exactitude ; c'eft par cette raifon qu'elle eft encore propre à
faire du vitriol, après avoir été
expofée quelques mois aux in-
jures de l'air.

V. Ce foufre brut, quand il
eft gris, contient toujours une
portion d'arfenic ; auffi faut-il le
raffiner : on fe fert des mêmes
vaiffeaux ; mais la diftillation de-

mande moins de tems & de feu ;
& dans le travail en grand , on fe
contente d'infinuer un petit morceau de bois entre la cornue & le
récipient au travers du lut ; on
remarque s'il s'y attache de l'arfenic rouge , ce qui annonce que
l'arfenic va paffer ; pour lors on
ceffe la diftillation ; & il refte dans
la cornue une maffe qui reffemble
à de la poix-réfine ; on la nomme
fcorie de foufre ; on en fait du *réalgar* ou de l'arfenic rouge , en le
mêlant avec de la pyrite arfenicale , & mettant ce mêlange à fublimer.

V I. Il y a encore deux autres
façons de tirer le foufre , mais elles ne réuffiffent point toujours ;
l'on en obtient très-peu , & il en
a couté beaucoup de peine & de
frais.

O ij

VII. Pour cela, l'on a recours au fer qui, comme on sçait, a la la propriété de dégager le soufre d'avec le cuivre & la mine de plomb ; mais d'abord on ne l'obtient point ainſi dans l'état qu'on deſire ; il faut encore le dégager du fer, ce qui devient très-difficile, ſur-tout s'il s'y eſt joint un alcali qui le retienne. En ſecond lieu, le ſoufre ſe conſume & ſe diſſipe pour la plus grande partie, dans l'opération par laquelle on le ſépare de ſon régule ou du plomb.

VIII. L'autre maniére eſt de réduire, par exemple, de l'antimoine ou de la mine de plomb en une poudre très-fine ; de faire bouillir cette poudre juſqu'à ſiccité dans une diſſolution alcaline ; d'y remettre de la nouvelle diſ-

solution ; de l'y faire encore bouillir ; de la filtrer ; d'en faire la
précipitation par le vinaigre ; en
procédant ainsi on aura le soufre
de la même maniére qu'on obtient celui de *l'hepar sulphuris.*

CHAPITRE III.

De la décomposition du Soufre.

I. L E soufre donne par son analyse, un acide sous une forme fluide & une terre grasse & inflammable ; l'acide y est très-abondant & en constitue la plus grande partie, mais la partie inflammable y est en très-petite quantité.

II. La partie inflammable se montre, 1°. par la flamme que le soufre prend ; 2°. par sa décomposition, au moyen de laquelle, en combinant l'acide vitriolique avec du phlogistique, on refait du soufre.

III. L'acide se manifeste, 1°.

par l'odeur & la saveur dont on s'apperçoit, quand on brûle du soufre; 2°. par la distillation du soufre par la cloche; 3°. en combinant la vapeur du soufre avec du sel alcali. On obtient ainsi un sel dont l'acide est le même que celui du vitriol, &c.

IV. La dissolution du soufre qui se fait par l'alcali, l'huile des végétaux, &c. est une opération différente de la décomposition dont nous parlons.

V. Nous avons déja parlé plus haut de la dissolution du soufre par les alcalis; pour le dissoudre dans les huiles, il n'y a qu'à y mettre des fleurs de soufre ou du soufre pur pulvérisé, & exposer le mélange au feu; le soufre se dissoudra, & l'on aura ce qu'on appelle *le Baume de soufre*, remède très-utile dans les maladies de poitrine.   O iv

CHAPITRE IV.

Des substances sulphureuses.

I. J'Entens par cette dénomination des substances qui ont la propriété de s'enflammer, & même celles dans lesquelles le phlogistique abonde, & qui contiennent un acide qui n'est point l'acide vitriolique ; tel est, parmi les minéraux, le succin, l'ambre, l'asphalte, la mine d'alun, le charbon fossile, la tourbe, &c. il ne faut pas mettre au même rang les morceaux de mines dans lesquels il se trouve accidentellement répandu de la pyrite ou de la mine de soufre, comme il arrive souvent au charbon de terre & à la terre alumineuse ; j'ai même en ma pos-

session un morceau de succin trouvé dans la mine de Wernigeroda,
auquel est attachée une pyrite sul-
fureuse.

II. Le succin , l'ambre & le
bitume , mis en distillation dans
une cornue donnent d'abord une
liqueur ou flegme acide ; ensuite
un sel volatil acide , & enfin une
huile empyreumatique acide ; il
reste au fond de la cornue une
cendre qui est de nature calcaire.

III. La tourbe, qui se trouve
dans les lieux voisins de la mer,
doit naturellement contenir de
l'acide.

IV. Les autres terres bitumi-
neuses ne diffèrent des substances dont nous venons de parler
qu'en ce qu'elles ne contiennent
point une si grande quantité des
mêmes principes que l'ambre jaune, l'ambre gris ou l'ambre noir.

O v

LIVRE SEPTIEME.

Des Terres.

SECTION I.

Des Terres colorées.

I. LEs terres colorées se préparent de deux maniéres ou par le lavage, ou par la calcination.

II. Il y a des terres qui sont si fines & d'une couleur si belle qu'elles n'ont pas besoin d'être ni lavées ni calcinées ; cependant la plûpart demandent la premiére de ces préparations ; & il y en a un grand nombre que la seconde rend plus belles & plus vives.

III. Quand une terre a déja

naturellement la couleur qui convient, on ne fait que verfer deffus de l'eau pure ; on remue fortement ce mélange ; on décante l'eau chargée de la terre la plus déliée, & on continue de même pour le reſte ; on donne le tems à ce qui a été décanté, de ſe dépoſer, & on le feche enſuite ; ou, s'il s'y trouvoit encore des parties groſſiéres, on pourroit les en ſéparer par un nouveau lavage ; on prépare ainſi différentes terres, que l'on aſſortit, & on les met ſous une preſſe ; c'eſt ainſi qu'on les fait paſſer dans le commerce.

IV. Il ne faut point piler les terres qu'on deſtine aux couleurs, parce que les grains de ſable non colorés qui pourroient y être mêlés & enveloppés, ainſi que les petites pierres ſeroient briſées & affoibliroient ou même gâteroient la couleur des terres.

V. Parmi les terres qui n'ont point de couleur, ou qui ne l'ont pas assez vive, ou qui en ont une qu'on ne demande point, il y en a qui, calcinées ou rougies au feu, prennent des couleurs toutes différentes & deviennent plus vives, selon qu'elles ont éprouvé plus ou moins long-tems l'action d'un feu plus ou moins violent. L'argille ou la glaise devient, par exemple, d'un jaune d'ochre, ensuite d'un rouge de brique, & enfin d'un brun foncé.

VI. Mais, lorsque, par la calcination trop forte, les terres font devenues dures comme de la pierre, (inconvénient qu'on ne peut gueres éviter, quand on se propose d'obtenir certaines couleurs,) il faut les écraser au bocard ou sous des meules ; en faire le lavage; les amortir, & les mettre en presse, comme on a déja dit.

VII. Ce qui a été dit des terres doit aussi s'appliquer aux pierres qui ne font que des terres devenues compactes & dures, & qui par la calcination donnent de très-belles couleurs ; la calamine, la mine de fer, & les pierres ferrugineuses font souvent dans ce cas.

VIII. J'ai fait des essais de ce genre sur quelques pierres ; & voici les couleurs que j'ai obtenues.

1°. La calamine de Tscheeren en Bohême, qui ressemble à de la glaise d'un gris jaunâtre, m'a donné une couleur rouge très-vive.

2°. La calamine de Pologne qui est jaune, une couleur isabelle.

3°. La terre d'ombre de Berg-gieshubel, une couleur canelle.

4°. L'argile cinnabarique de Slana, un couleur de rofe.

5°. Une terre à Tanneur, un rouge de brique.

6°. La manganèfe ne s'altere point, & donne par conféquent du noir.

S e c t i o n II.

Des Terres médicinales.

I. CE font celles qui fervent tant extérieurement qu'intérieurement dans l'ufage de la Médecine du corps humain ; quoiqu'elles puiffent auffi quelquefois être employées dans la Peinture.

II. Ces terres font ordinairement graffes, c'eft-à-dire, marneufes ou argilleufes ; la couleur en eſt ou rouge, ou jaune, ou brune, ou griſe, ou blanche ; cette différence n'en apporte aucune eſſentielle à leurs propriétés.

III. La fameuſe terre de Lemnos (*terra Lemnia*), connue des Grecs & des Romains, étoit de cette eſpèce ; telle eſt auſſi la terre de Striegnitz en Siléſie, (*terra Strigonienſis*), qui, après avoir été fort à la mode de nos jours, eſt retombée dans l'oubli.

IV. Le lieu ne décide pas plus que la couleur ; il s'en trouve de pareilles par-tout ; & la haute opinion que les Anciens avoient de ces terres, & qui ſouvent les leur faiſoit acheter auſſi cher que le bézoard, n'étoit point fondée : s'il y avoit quelques circonſtances où elles puſſent être adminiſtrées avec prudence, ce ſeroit

contre les aigreurs de l'eſtomach ;
mais elles fatiguent ce viſcere, &
y cauſent des obſtructions ; d'ailleurs n'a-t-on pas d'autres reme-
des dont l'effet eſt beaucoup plus
ſur , & dont les ſuites ne ſont
point dangereuſes.

V. Ces terres ſe trouvent quelquefois parfaitement pures, comme le *medulla ſaxorum*, les bols,
&c. mais ordinairement elles ſont
mêlées de ſubſtances étrangeres,
ou au moins de ſable qu'il faut
en ſéparer par le lavage, avant
de leur donner la forme & d'y
imprimer le cachet.

VI. Ce cachet qu'on imprime
ſur quelques terres n'eſt qu'une
eſpèce d'atteſtation de Médecins
ou gens experts que la *terre ſigil-
lée* a été bien préparée & choiſie
avec ſoin, & qu'ils en approuvent

l'ufage ; fans ce caractère ces terres ne différeroient en rien des
autres.

VII. Il y a quelques terres
qui font très-arfenicales.; & j'en
ai vu de cette efpèce , dans mon
voifinage ; on la nommoit *Sch-*
wabengift; c'eft un vrai poifon.

LIVRE HUITIEME.

Des Pierres.

I. LEs pierres ne font que des particules terreufes, qui fe font rapprochées pour former un corps dur, pefant & compacte ; c'eft par cette raifon qu'il y en a plufieurs que les diffolvans remettent en terre, ou dans leur état primitif.

II. Nous ne confidérerons ici les pierres, 1°. que comme pouvant fervir aux couleurs dont nous avons traité dans le Livre précédent ; 2°. qu'eu égard aux effets qu'elles produifent dans le feu, & que par la propriété qu'elles peuvent avoir d'être utiles ou nuifibles aux opérations qu'on fait par le feu.

III. Il faut confidérer les effets que les pierres produifent dans le feu ou par elles-mêmes & fans addition, ou dans différens mêlanges, & ce que nous en allons dire fera également applicable aux terres.

IV. Les pierres qui, felon l'idée commune, ne font point du tout fufibles, ou font du moins très-difficiles à mettre en fufion, font la craie, la pierre à chaux, le fpath, l'albâtre, la pierre fétide, le mica, l'argent de chat, le talc ou *glacies Mariæ*, & la ftalactite.

V. Les pierres qu'on nomme *fluors* font blanches, vertes, bleues, violettes, &c. on les nomme fpath dans plufieurs endroits, & elles paroiffent être d'une nature fpathique, du moins à certains égards; car elles ont un commencement de fufion, dans le feu, fans aucune addition, par une difpofition qui leur eft propre.

VI. Le caillou, le quartz, le cryftal de roche, toutes les pierres précieufes dures & tranfparentes., le fable, le gravier, le grais, en un mot, toutes les pierres qui font de la nature du caillou, fe vitrifient légerement par elles-mêmes (*per fe*) à leur furface extérieure, & ont un commencement de vitrification.

VII. Quoique le caillou & les autres pierres de ce genre n'ayent pas la propriété d'entrer en fufion par elles-mêmes, cependant elles ont beaucoup plus de fufibilité que la pierre à chaux & les autres pierres de même nature; en effet en mêlant une partie d'alcali avec deux parties de caillou ou de fable, ce mêlange peut faire du verre ; au lieu que fix parties d'alcali & plus, mêlées avec une partie de chaux, ne peuvent produire le même effet.

VIII. Les pierres compofées de *mica* font ordinairement très-réfractaires, fur-tout dans le traitement des mines & principalement du plomb. Mais on a remarqué cette différence entre les *micas*, que celui qui devient ou rouge ou brun dans le feu, entre beaucoup plus aifément en fufion, lorfqu'il eft mêlé avec de l'alcali, que celui que le feu blanchit.

IX. L'argile, la glaife, la terre à Potier, la marne, les ochres, le guhr, le *medulla faxorum*, quand ils ne font pas feuilletés, font aifés à fondre, fur-tout ceux qui font colorés ou qui le deviennent dans le feu ; ce qui prouve qu'ils ont une portion de métal ; c'est ordinairement du fer, comme l'expérience le démontre pour l'ochre & pour la glaise.

X. D'où l'on voit qu'en traitant les mines dans le fourneau de fusion, il faut avoir beaucoup d'égard aux pierres & terres qui les accompagnent, afin de les en séparer ou de les y laisser, suivant l'exigence des cas, ou pour s'arranger de maniére que le fourneau ait tout son jeu & que la matiére en sorte fluide & parfaitement fondue.

XI. Il faut sur-tout s'assurer de l'effet des pierres ou terres avec le plomb, afin d'ôter celles qui l'absorbent, & ne point laisser celles qui nuisent à la fusibilité.

LIVRE NEUVIEME.

Des Mines.

CHAPITRE PREMIER.

Des Mines en général.

1. LE mot de *Mine* comprend, dans son acception la plus étendue, toutes les substances fossiles en tant qu'elles sont opposées aux substances végétales & animales; c'est ainsi qu'on dit, par exemple, la *mine d'alun*; cependant on employe plûtôt le mot de *minéral* dans ce sens, que celui de *mine*; c'est pourquoi l'on ne dit point de l'alun ou du sel gem-

me que ce foit une *mine*, on dit que c'eft un *minéral*.

II. Dans un fens plus refferré, on n'entend par *mines* que les fubftances qui contiennent un métal en quelque petite quantité qu'il s'y trouve ; tel eft, par exemple, un caillou qui fera ferrugineux, ou qui contiendra de l'or.

III. Mais on entend plus particuliérement & plus proprement par le mot de *mine*, les fubftances qui contiennent fenfiblement du métal, comme la *mine de fer*, la *mine de plomb*, &c. Il eft ici queftion non-feulement du poids, mais encore de la valeur ; & une mine d'argent blanche, quand même elle ne contiendroit qu'un cinquantiéme d'argent ; doit être appellée *mine*, ainfi qu'une mine de plomb dont les deux tiers feroient du plomb.

IV.

IV. Il y a deux voies générales d'examiner les mines & de les traiter pour en tirer le métal qu'elles contiennent ; c'est la *voie humide* & la *voie seche.*

V. Par la voie humide, on prend les mines ou crues ou après qu'elles ont été grillées & calcinées ; on les humecte avec de l'eau, de l'urine, du vinaigre, &c. pour les éteindre, & on les fait sécher ensuite, ou bien on les fait bouillir ; ou on les met en digestion à une chaleur modérée dans des dissolvans, tels que l'eau régale, l'eau-forte, l'huile de vitriol, où l'on fait encore entrer, si l'on veut, d'autres substances ; c'est ce qu'on nomme *eaux de gradation, eaux de cémentation,* Aquæ Stygiæ, *&c.* On employe ces moyens pour développer & séparer la partie mé-

tallique & pour s'aſſurer de la nature de ce qui l'accompagne.

VI. Mais cette voie n'eſt ni
aſſez avantageuſe ni aſſez ſûre
pour découvrir la vérité, à moins
qu'on ne ſe flattât, comme quelques-uns le prétendent, de tirer
ainſi de la mine quelque métal
parfait qui n'y eſt point, ou d'en
tirer une plus grande quantité
qu'il n'y en a, ſi par hazard il
s'y en trouvoit. Pour lors on re-
garde les ſubſtances employées,
comme donnant de l'accroiſſe-
ment aux métaux.

VII. En effet s'il s'agit de tirer de l'or; quand il eſt pur, il
ſeroit beaucoup plus ſimple &
plus aiſé de recourir à l'amalgame,
ou à la ſimple fuſion; ou au mêlange avec du plomb, s'il ſe trouve engagé dans une mine d'un
métal imparfait, & de le paſſer

enfuite à la coupelle. Par ce moyen on l'auroit très - exacte- ment.

VIII. On pourra cependant s'en tenir à ce moyen quand il fera queftion de s'affurer de la vérité, dans l'examen d'une fubftance métallique. En effet, les diffol- vans déceleront quelques-uns des caractères qu'il importe de re- connoître ; la couleur bleue an- noncera du cuivre ; la couleur verte, le fer ; le gout douceatre, le plomb ; le couleur de rofe, la mine de bifmuth & le cobalt, &c. Mais quand il fera queftion de ftatuer rigoureufement fur les différens métaux contenus dans une mine, & fur la proportion dans laquelle ils s'y trouvent, cet- te méthode ne fera qu'obfcurcir, & il faudra avoir recours à la voie feche qui eft la meilleure de tou-

tes celles qu'on pourroit employer.

IX. Quand on la fuit, la premiére chofe qu'on ait à faire, c'eft *l'effai*, par lequel on s'affure de ce qu'une mine contient de fubftance volatile, comme du fou-fre, de l'arfenic, de l'un & de l'autre à la fois, ce qui s'exécute par la fublimation.

X. Le métal fe tire de la mi-ne, 1°. *per fe*, par lui-même, & fans addition; c'eft ainfi que l'argent fe tire de la mine d'ar-gent vitreufe; 2°. par le moyen du fer, comme il arrive lorf-qu'on fe fert du fer pour obtenir le régule d'antimoine; 3°. par le moyen d'une fubftance inflam-mable, comme quand on tire le plomb de la mine de plomb verte & blanche par le moyen de la pouffiére de charbon; le fer de la mine par le charbon ; 4°. à l'aide des fondans, tels que le tartre, le nitre, la potasse, &c. seuls ou joints avec du phlogistique, comme de la poix, de la résine, de l'huile-de-lin, de la graisse, ainsi qu'on le pratique pour les mines d'étain ; 5°. par le moyen de la litharge & du verre de plomb, & d'autres préparations du plomb, comme pour l'or & l'argent.

XI. Lorsqu'une mine contient plusieurs métaux, il faut en faire autant d'essais qu'elle contient de métaux différens.

XII. Quand on s'est assuré de la nature & de la proportion de chaque métal, autant qu'il a été possible ; après avoir chassé d'abord ce qui est volatil, comme le soufre & l'arsenic ; ce qui reste n'est plus qu'une terre non métallique, qu'il eſt difficile, ou même impoſſible de montrer dans ſon état de pureté, à cauſe des diffé-rens mêlanges qu'on y a joints, & de la deſtruction cauſée par le feu ; on ne peut en juger que par les effets, *à poſteriori*, & voir ſi cette terre étoit fuſible ou réfrac-taire, &c.

XIII. Pour traiter les mines en grand, & en tirer l'argent & l'or qui peuvent quelquefois s'y trouver, il faut ſur-tout avoir at-tention aux premiers travaux qui ſe font ſur la mine brute : 1°. parceque dans la plûpart de ces mines, ce qui eſt riche ou même pur, y eſt en ſi petite quantité, diviſé en particules ſi petites, & répandu dans une ſi grande quan-tité de quartz, de blende, de mica & d'autres pierres, qu'on ne peut venir à bout de le tirer parfaitement, ni de le féparer par le lavage & le bocard, fans qu'il s'en perde une portion confidé-rable qui eft entraînée par les eaux du lavoir; d'où il arrive que fou-vent on ne retrouve pas fes frais. 2°. Au contraire, fi les premiers travaux ont été bien faits, la mine riche qui étoit répandue & dif-perfée dans un grand volume de fubftances étrangéres, fera rap-prochée au point qu'on n'aura pas grande peine à obtenir, à l'aide du plomb, tout le métal parfait.

XIV. Pour bien réuffir dans la première fonte, il ne fuffit pas de poffëder le fecret de l'art; il faut encore que la nature de la mine fe prête à nos vûes, fans quoi tout l'art devient inutile. C'eft pourquoi l'on ne peut pro-pofer ici de régle certaine; car non-feulement les mines varient

à l'infini, mais encore il y a beaucoup de maniéres différentes de
leur appliquer les fondans ; il faut
fçavoir en général, 1º. que le
fourneau doit être difpofé de façon à forcer la mine d'entrer en
fufion ; 2º. qu'il convient d'entre-
mêler les mines, de maniére que
tout marche d'un pas égal, afin
que ce qui eft le plus pauvre ou
le plus difficile à fondre ne refte
point trop long-tems en arriére ;
3º. qu'on doit avoir attention à
la dépenfe ; ainfi la matte ne doit
être ni trop riche ni trop pauvre ;
parce que dans le dernier cas il
feroit aifé qu'il y eût quelque chofe de perdu parmi les fcories, &
dans le premier cas, qu'on ne feroit pas dédommagé de fes frais.

V. Il y a encore des moyens
généraux qui conviennent à toutes les mines de l'univers ; lorf-

qu'on les fait paſſer par les premiers travaux de la fonderie ; c'eſt
1°. la pyrite ; 2°. la mine de
plomb ; 3°. le plomb lui-même
& ſes différentes préparations ,
comme la cendre de plomb , la
litharge , &c. 4°. de bonnes ſcories fuſibles. Une mine eſt avantageuſe , lorſqu'elle a les deux
premiers ſecours à ſa portée, ou
même la pyrite ſeule. Cependant
ces choſes ne s'emploient pas dans
une ſeule & unique proportion ;
il faut conſulter la nature de la
mine,& ſuivre ce que l'expérience
aura appris ; je ne parle point des
charbons faits de différens bois ,
comme du ſapin , du bois d'aulne,
du hêtre, & même quelquefois de
bois pourri , & qu'on ne peut par
conſéquent employer dans les mêmes proportions.

XVI. Pour parvenir à travail-

ler avec profit, il faut commencer
par des effais en petit, dans le
fourneau à vent ; par exemple, on
prendra de mine pulvérifée, fans
avoir été grillée, & de bonnes
fcories fufibles, de chacune une
partie, de litharge, ou de la cen-
drée qui a fervi à coupeller, & de
pyrite, de chacune une demi-partie, &c.

CHAPITRE II.

Des Mines en particulier.

I. Les mines particuliéres sont 1°. la mine d'or ; 2°. la mine d'argent ; 3°. la mine de mercure ; 4°. la mine de plomb ; 5°. la mine de fer ; 6°. la mine d'arsenic ; 7°. la mine d'antimoine ; 8°. la mine de cobalt ; 9°. la mine de soufre ; 10°. la mine de vitriol ; 11°. la mine d'alun.

II. Les substances qui s'y trouvent sont ou des métaux, ou des demi-métaux, ou du soufre & des bitumes, ou des sels, ou enfin du safre ou de la couleur bleue.

III. Il n'y a point de mine de zinc ; mais le zinc est un demi-métal volatil formé par le con-

cours & la combinaison de plusieurs substances minérales & métalliques, & sur-tout du plomb. *

IV. On peut encore placer
ici la calamine comme une substance métallique, attendu qu'elle
s'unit avec le cuivre, sans nuire
à sa métalléité. Pour ce qui est
de la cadmie des fourneaux, il faut
la regarder, ainsi que le zinc,
comme un avorton métallique.

SECTION I.

Des Mines d'Or.

I. LA nature ne nous présente
pas l'or minéralisé, c'est-à-dire,
combiné avec le soufre & l'arsenic, comme l'argent l'est dans la

* Voyez la note qui est à la fin de la
première Partie de cet Ouvrage.

mine d'argent vitreuſe ou dans la mine d'argent rouge.

II. L'or ſe trouve : 1°. tout formé , c'eſt-à-dire, natif, ou par filons ou vénules ; ou dans la premiére couche de la terre ; ou dans le lit des riviéres & des ruiſſeaux ; où on le ramaſſe en petits grains ou paillettes, c'eſt ce qu'on appelle *or de lavage* : 2°. uni avec l'argent qui eſt contenu dans la mine d'argent vitreuſe ; dans la mine de cuivre ; dans la pyrite & dans la mine de plomb ; & même dans l'argent natif : il y en a un exemple connu dans l'or de Norwège, dont on a tiré quatre onces & demie d'or d'un marc d'argent : 3°. dans des terres ou pierres, comme le ſable , le gravier, l'argille, le caillou, &c. où il eſt tellement maſqué , qu'il eſt impoſſible de reconnoître ſa préſence.

III. L'or natif s'obtient 1°. par le lavage & l'amalgame ; 2°. par la fusion & l'affinage, parce qu'il contient ordinairement de l'argent ; 3°. par la quartation ; 4°. par l'antimoine.

IV. Si l'or est contenu dans de l'argent minéralisé avec une autre mine, on traitera la mine pour en avoir l'argent, qu'on traitera ensuite pour en séparer l'or ; pour-lors on aura recours au départ qui se fera, ou par la voie sèche dont le soufre est la base ; ou par la voie humide avec l'eau-forte ; ou par l'une & l'autre à la fois ; parce que le départ par la voie sèche demande quelquefois à être suivi du départ par la voie humide.

V. Si l'or est dans de l'argille, du sable, du caillou, &c. mais dispersé de manière qu'il soit très-difficile de l'en tirer ; 1o. lorsqu'on aura un grand volume de matiére étrangére, & que la mine fera pauvre, on y pourra joindre une mine de plomb tenant argent, parce que l'or s'unit aisément avec l'argent ; ou bien 2°. on fera d'abord rougir au feu ces substances dans lesquelles l'or est masqué ; on en fera l'extinction dans de l'urine & dans des dissolvans ; & lorsqu'on les fera fondre, on y joindra de la mine de plomb qui contienne de l'argent.

Section II.

Des Mines d'Argent.

I. LEs mines d'argent sont proprement celles qui, outre la substance volatile, ne contiennent point du tout d'autre métal que l'argent, ou du moins n'en contiennent qu'une très-petite portion, telles font 1°. l'argent natif ou vierge ; 2°. la mine d'argent vitreuſe à qui l'on donne auſſi le nom d'argent natif en Hongrie & en Norwège ; 3°. la mine d'argent rouge ; 4°. la mine d'argent blanche, qui contient un peu de cuivre, mais qui eſt ſouvent très-riche en argent, & qui, à ce qu'on prétend, donne juſqu'à quarante marcs au quintal ; mais qui véritablement n'en donne que douze marcs de fin.

II. Les mines qui contiennent accidentellement de l'argent ſont 1°. le cobalt ; 2°. la mine de cuivre griſe, 3°. la mine de cuivre ordinaire ; 4o. la mine de plomb ; 5°. la pyrite.

III. Pour tirer l'argent de ſa

mine, il faut employer le plomb qui eſt le principal agent de la Docimaſie de Saxe.

IV. Pour tirer l'argent de la mine d'argent vitreuſe, il faudra ne pas oublier ce qui a été dit en parlant du régule d'antimoine martial.

Section III.

Des mines de Mercure.

I. LEs mines de mercure ſont 1°. le mercure vierge ; 2°. le cinnabre qui ſe trouve ou par morceaux détachés dans la premiére couche de la terre, ou dans les lits des riviéres, ou par filons ; 3°. l'argille griſe, tel que celle de Hydria en Eſclavonie, & de Salberg en Suéde; 4°. une pierre ou roche d'un rouge tirant ſur le brun,

semblable à de la mine de fer.;
5°. le cinnabre répandu dans une terre jaune.

II. Pour essayer si une mine contient du cinnabre, il suffit d'en faire la sublimation dans un petit matras de verre ; la partie terreuse & pierreuse restera au fond du vaisseau ; la partie arsenicale & le soufre superflu s'éléveront d'abord. Si le cinnabre n'est pas encore pur après cette première opération , il n'y aura qu'à le sublimer de nouveau.

III. Le meilleur moyen de tirer le mercure du cinnabre, c'est d'y joindre partie égale de limaille de fer ou d'alcali, ou même un peu de chaux-vive : ces substances, & sur-tout le fer, sont très-propres à enlever le soufre du cinnabre, de manière que le mercure s'en trouve dégagé.

Section IV.

Des mines de Cuivre.

I. CEs mines sont 1°. le cuivre natif ; 2°. la mine de cuivre vitreuse ; 3°. la mine de cuivre jaune ou la pyrite cuivreuse ; 4°. les mines de cuivre grises, claires & foncées ; 5°. la mine de cuivre bleue & l'outre-mer ; 6°. la mine de cuivre verte & la malachite; 7°. le vitriol de cuivre; 8°. la mine de cuivre sabloneuse ; 9°. la mine d'argent blanche à certains égards; 10°. l'ardoise cuivreuse ; & enfin 11°. à un certain point, la plûpart des pyrites sulfureuses.

II. Pour traiter avec avantage la mine de cuivre, il faut sur-tout la griller lentement & à petit feu, parce que la partie volatile,

& fur-tout l'arfenic, ne s'en fépare que très - difficilement, & qu'en donnant un feu trop violent, la mine & la matte entreroient en fufion, & feroient une maffe avec l'arfenic ; pour remédier à cet in-convénient, on eft fouvent obligé de recommencer inutilement à griller la mine & la matte.

III. Le bleu & le verd de montagne doivent être regardés comme du cuivre décompofé fous la forme d'une terre ou fous celle d'une fcorie ; ainfi ces mines n'ont befoin que d'une fubftance inflam-mable, telle que de la poix, du charbon, &c. pour la réduction du cuivre.

IV. Le fer eft le meilleur moyen pour dégager le cuivre du vitriol & des eaux vitrioliques ; c'eft par la voie de la précipitation.

S E C T I O N V.

Des Mines d'Etain.

I. LEs mines d'étain font 1°. celles qui font en cryſtaux ; 2°. celles dans leſquelles on ne diſtingue point les cryſtaux, ou les mines d'étain ordinaires.

II. La mine d'étain ſe calcine ou ſe grille ; enſuite on l'écraſe & on la lave ; on la grille de nouveau, & pour-lors on la nomme *pierre d'étain,* ou *étain noir;* on la met en-fin par couches alternatives avec du charbon pilé groſſiérement, & mouillé, & on la fait fondre.

III. Voici une maniére d'eſ-ſayer une mine d'étain. Prenez une partie d'étain noir, c'eſt-à-dire, de mine d'étain préparée ; de potaſſe ou de flux noir, deux parties ; de poix un quart, & d'huile de lin un huitiéme ; faites fondre le tout dans un creufet à grand feu.

IV. La mine d'étain eft ordinairement ferrugineufe ; fouvent on y trouve joint un minéral ferrugineux & arfenical qu'on nomme Wolfram en Allemand, qu'il faut avoir grand foin d'en féparer ; & quelquefois il arrive que le fer y foit mêlé au point que, quand elle eft pulvérifée, on peut l'attirer par l'aiman ; on en a des exemples dans la mine de faint Chriftophe, près de Breitenbrunn en Saxe.

V. Une mine d'etain de la bonne efpèce peut aifément donner les deux tiers de fon poids d'étain.

SECTION VI.

Des Mines de Plomb.

I. LEs mines de plomb font 1°. la galène ; 2°. la mine de plomb verte ; 3°. la mine de plomb blanche ; 4°. la mine de plomb terreufe.

II. Pour faire l'effai de la mine de plomb, il faut prendre , 1°. de la mine pulvérifée & de flux noir de chacun un quintal Docimaftique; de limaille de fer un demiquintal ; faire fondre le tout dans un creufet de cuivre. 2°. Il faut voir ce qui a été dit au fujet du régule d'antimoine. 3°. Les mines de plomb vertes , blanches , & terreufes ne demandent que du phlogiftique pour donner leur métal.

SECTION VII.

Des Mines de Fer.

I. LEs mines de fer font 1°. la noire ; 2°. la grife ; 3°. la brune ; 4°. la blanche ; 5°. la jaune ; 6°. la rouge ; 7°. l'hématite ; 8°. l'ochre ; 9°. le fer natif ; il eft encore douteux qu'il y ait de ce fer *. On peut auffi placer dans ce rang, 10°. l'*Eifenram*; 11°. *l'Eifen-mann* ; 12°. la manganèfe ; 13°. l'émeril ; 14°. l'aiman ; 15°. le *Wolfram* ; 16°. la blende ; 17°. la pyrite martiale ; 18°. la pyrite arfenicale, appellée par les Alle-mands *mifpikkel*.

II. L'effai de la mine de fer fe

---

* Voyez la note qui a été faite en par-lant du Fer, dans la première Partie de cet Ouvrage.

fait

fait en prenant un quintal de cette mine, après qu'elle a été grillée ; de flux noir deux quintaux ; de verre un demi-quintal ; de borax, de sel ammoniac, & de charbon un quart de quintal ; on fait fondre le tout dans le creuset de cuivre à grand feu ; on y joint de l'huile de lin, ce qui facilite considérablement l'opération.

Section VIII.

Des Mines de Soufre.

1. IL ne s'agit point ici de toutes les mines qui contiennent du soufre, mais seulement de celles qui le donnent d'elles - mêmes (*per se*), & dans lesquelles on peut le remarquer d'une façon sensible ; ainsi nous ne parlons point ici ni de cinnabre, ni d'an-

II. Partie. Q

timoine, ni de mine de plomb;
ni de mine d'argent vitreufe; mais
feulement de la pyrite fulphureu-
fe & de la mine de cuivre jaune,
ou de la pyrite cuivreufe.

II. Outre le foufre natif &
tout formé, on a encore des terres & pierres qui en font péné-
trées, fans que pour cela il y foit
minéralifé, comme il l'eft dans la
pyrite ou la mine de cuivre; auffi
eft-il aifé de l'en féparer.

III. Nous renvoyons à ce qui
a été dit plus haut en parlant du
foufre.

SECTION IX.

Des Mines de Vitriol.

I. LEs mines de vitriol font
1°. celles dans lefquelles il eft
formé à l'aide de l'air & du feu;

telles font les pyrites martiales
& cuivreufes, & la calamine ;
2°. celles d'où l'on peut l'extraire
au moyen de l'eau ; comme ce
qu'on appelle *mify* ; c'eft une
efflorefcence vitriolique, d'un
blanc jaunâtre, qui fe montre à
l'extérieur de quelques morceaux
de mines ; le *fory* ; le *melanteria*,
c'eft une terre vitriolique noire ;
la *pierre atramentaire* ; le *chalcitis*,
c'eft une pierre chargée de vitriol;
3°. le vitriol natif, c'eft-à-dire,
qu'on trouve pur & tout formé
tel que celui d'Hongrie, quoiqu'il foit mêlé de beaucoup d'a-
lun.

SECTION X.

Des Mines d'Arfenic.

I. IL y a beaucoup de mines qui contiennent de l'arfenic, telles font les mines d'argent rouges, les mines d'étain, &c. mais il n'y en a point qui en ayent en auffi grande quantité que la mine d'arfenic par écailles, le cobalt & fur-tout la pyrite arfenicale ; ces derniéres fubftances font les plus propres à donner l'arfenic.

II. Nous avons donné dans le troifiéme Livre la maniére de préparer les différentes efpèces d'arfenic.

SECTION XI.

Des Mines d'Antimoine.

I. IL n'y a proprement qu'une espèce d'antimoine dans le monde ; c'est le régule uni au soufre *.

II. On voit qu'en parlant de cette combinaison, il n'est pas question d'une mine d'antimoine à laquelle une autre substance pourra se trouver attachée. Ainsi il ne s'agit point ici de la mine d'antimoine *solaire* d'Hongrie.

III. Il est vrai qu'en faisant l'examen de la mine d'antimoine rouge de Braunsdorf, j'ai trouvé qu'il y avoit de la différence dans la nature de son régule ; mais je

* Voyez la note Livre quatriéme, section six de cette seconde Partie.

crois m'être trompé & que l'an=
timoine rouge, dont je me suis
servi, n'étoit point parfaitement
pur ; ce qui eſt d'autant plus vrai-
ſemblable que cet antimoine eſt
répandu en très - petite quantité
dans ſa mine. Voyez ce qui a été
dit Livre III. Chap. I. en parlant
de l'antimoine.

SECTION XII.

Des Mines qui donnent la couleur bleue ou le Saffre.

I. CEs mines ſont le cobalt &
la mine de Biſmuth ; mais il
ne faut point placer ici la pyrite
arſenicale & d'autres mines ſem-
blables, que les Ouvriers des mines appellent ſouvent *cobalts* par
ignorance, & dont jamais on ne
peut obtenir une couleur bleue.

II. On commence par griller la mine afin d'en chasser l'arsenic & le bismuth * ; on prend la terre qui reste après la calcination, & qu'on nomme *Wismuth-graupen* ; on la mêle avec deux ou trois parties de sable ou de cailloux pulvérisés : on y joint environ autant ou même plus de potasse ; on met le tout en fusion pour en faire du verre bleu qu'on écrase au bocard ; ensuite on le fait passer par un moulin ; on le lave dans un lavoir ; on en fait des assortimens suivant la couleur, & on y met une marque qui désigne la bonté & le prix qu'il doit avoir dans le commerce.

III. Voyez ce qui a été dit en parlant de la vitrification des mines.

* Voyez la note sur le Cobalt dans la première Partie.

SECTION XIII.

Des Mines d'Alun.

I. LEs mines d'alun sont 1°. celles qu'il suffit de laver avec de l'eau pour en tirer l'alun, telle que la terre qu'on nomme *terra martis Hassiaca* ; le vitriol d'Hongrie qui est joint avec de l'alun de plume ; la terre alumineuse de Mersebourg ; des morceaux de mines de pyrites dont la matrice est du *Kneiss*, qui se trouvent par filons & vénules, comme il s'en trouve à Braunsdorf : 2°. celles dont on n'obtient l'alun qu'après qu'elles se sont embrasées d'elles mêmes, à l'air ; ou après qu'elles ont été grillées, comme l'ardoise alumineuse, la terre d'alun, les substances alumineuses & bitumineufes de la nature du bois.

II. L'alun fe cryftalife avec peine, à moins d'une évaporation très-longue; il faut y joindre, pour faciliter l'opération, ou de l'urine putréfiée, ou une diffolution urineufe, telle que celle des Savoniers.

SECTION XIV.

Des Terres nitreufes.

I. C'Eft de la terre qu'on tire le falpêtre ou nitre qui y a été porté par des fubftances animales & végétales qui font entrées en putréfaction ; d'où il paroît que ce fel ne doit pas être regardé comme purement minéral ; mais il lui faut d'abord une terre minérale pour matrice ou pour bafe de fon exiftence ; & ce font des fubftances

des autres règnes qui le modifient.
En second lieu, il y a des eaux qui
se trouvent fort profondément
dans les entrailles de la terre , qui
sont fort éloignées de toute terre
nitreuse & de toute manufacture
de salpêtre , & qui ne laissent pas
d'entraîner réellement du nitre
avec elles ; j'en ai trouvé de cette espece à Berggieshubel ; & il y
a des relations qui font mention
de nitre qui se produit de lui-même dans les Indes. Cependant le
nitre des Indes n'est pas toujours
le meilleur ; car souvent il est mêlé avec du sel marin.

II. Dans la premiére cuite du
salpêtre & sa crystallisation , il se
forme 1°. quelquefois un sel neutre , tel que le tartre vitriolé ; 2°.
il s'y trouve aussi du sel marin qui
ne s'est point entiérement décom-
posé par la putréfaction ; lorsqu'on

tire le salpêtre des terres arrosées d'urine, des étables, & sur-tout des cloaques. De-là vient qu'on ne peut se servir de nitre purifié, pour avoir de bonne eau-forte; & c'est ce qui trompe ceux qui s'imaginent avoir le secret de dissoudre l'or par l'acide nitreux. 3°. Il reste une liqueur brune épaisse qu'on nomme *l'eau-mere du salpêtre*, parce que par son moyen on peut aisément commencer une manufacture de salpêtre. On fait cuire jusqu'à siccité cette eau-mere, on la lave dans de l'eau, & l'on obtient par-là la *magnésie blanche*, dont l'usage est connu dans la Médecine.

Fin de la Seconde Partie.

www.ingramcontent.com/pod-product-compliance
Lightning Source LLC
LaVergne TN
LVHW020614180726
843502LV00002B/466